高等学校"十四五"规划教材·无人机应用技术

无人机飞行管理及应用

主　编　陈金良

副主编　张　波　杜　海

西北工业大学出版社

西安

【内容简介】 本书从无人机飞行管理的角度,对无人机飞行的空管需求、无人机飞行管理运行机制、无人机飞行管理方法、无人机飞行的组织与实施、无人机飞行活动规范体系架构、基于当前环境的无人机飞行管理构想、基于城市空中交通的无人机运行构想与流程,以及国外航空发达国家无人机管控情况等进行较为全面的分析探讨,可为从事无人机飞行的单位、个人和相关飞行管理部门在组织实施无人机飞行和管理方面提供有益的参考。

本书内容涵盖面广,可作为从事无人机飞行、管理、研究和制造等人员的参考用书,也可作为高等院校相关专业教学和学习参考用书。

图书在版编目(CIP)数据

无人机飞行管理及应用 / 陈金良主编. —西安:
西北工业大学出版社,2023.7
ISBN 978 - 7 - 5612 - 8774 - 3

Ⅰ.①无… Ⅱ.①陈… Ⅲ.①无人驾驶飞机-飞行管理 Ⅳ.①V279

中国国家版本馆 CIP 数据核字(2023)第 104709 号

WURENJI FEIXING GUANLI JI YINGYONG

无 人 机 飞 行 管 理 及 应 用

陈金良 主编

责任编辑:李阿盟 刘 敏		**策划编辑**:杨 军	
责任校对:万灵芝 王 水		**装帧设计**:董晓伟	

出版发行:西北工业大学出版社
通信地址:西安市友谊西路 127 号   **邮编**:710072
电 话:(029)88493844,88491757
网 址:www.nwpup.com
印 刷 者:兴平市博闻印务有限公司
开 本:787 mm×1 092 mm   1/16
印 张:11
字 数:261 千字
版 次:2023 年 7 月第 1 版   2023 年 7 月第 1 次印刷
书 号:ISBN 978 - 7 - 5612 - 8774 - 3
定 价:49.00 元

如有印装问题请与出版社联系调换

前　言

当前,无人机因其体积小、使用风险小、工作时间长、可进入危险环境、成本低、使用方便、对作战环境要求低、作战范围广、战场生存能力强、隐身性能良好、攻击准确等诸多优点,在军事和民用领域受到青睐。随着军用无人机技术的快速发展,越来越多的无人机开始在天空中飞行。21 世纪的前十年,世界各国都在大力发展各种用途的无人机,目前超过 80 个国家的部队装备了无人机,仅 2022 年就有价值约 115 亿美元的军用无人机进入各国的部队服役,数量众多的无人机成了一支独具特色的机器人部队。目前无人机已演进出侦察、预警、目标指示、电子战、战场评估、攻击、空中靶标等多种系列和类型,在军事领域中的应用也越来越广泛,甚至有专家预言:"未来的空战,将是具有隐身特性的无人驾驶飞行器与防空武器之间的作战。"无人机在商业摄影、航空测绘、农作物监测、广告、通信和广播等民用领域同样得到了广泛应用,应用范围也在逐渐扩大。截至 2022 年年底,仅在我国从事无人机行业相关的企业就达 1 513 家,已注册无人机达 95.8 万架。可以预见,未来将会有大量无人机出现在空域中,无人机在全空域运行已成为必然趋势。

由于无人机独特的操作特性和运行特点,所以无人机管控问题目前难以得到有效的解决,无人机在战区空域中运行对其他有人驾驶航空器,尤其是直升机的飞行安全产生了严重威胁,已造成多起无人机与有人驾驶航空器危险接近、相撞的事故。2003—2007 年,美军发生了 5 起无人机与有人驾驶航空器相撞事件。2003 年,美军的一架手掷式无人机撞上了一架"A-10"攻击机,飞行员驾驶着受伤的飞机返回了基地;2004 年 11 月,一架美国陆军的"大鸦"无人机撞上空军的"OH-58"侦察直升机,造成两名飞行员丧生。在飞行时间、频次急剧增加的情况下,无人机在非隔离空域运行,安全性受到公众质疑,影响了无人机在全空域运行的进程。为了解决这些问题,国外航空发达国家积极采取措施,加强无人机飞行管理,建立了完善的无人机管控的运行机制,制定了一系列的法规标准,并对无人机管控的理论技术进行了广泛研究,所采取的保障方法以及管控经验值得我们研究并参考,其中美国、英国、澳大利亚、巴西、日本以及欧盟成员国等国家走在了世界前列。

我国无人机发展还存在以下问题:一是没有相关的政策、法规作保障,无序发展现象严重;二是无人机空管设备配备不全,空管部门不能实时有效地对飞行中的无人机实施监控,不能满足空管要求;三是无人机管制失控,严重影响军、民航正常航路航线和空域的飞行安全,存在恐怖分子、敌对势力利用无人机威胁国家和社会安全的重大隐患;四是使用单位多,使用人员水平参差不齐,飞行组织的实施机制不健全。因此,亟需对无人机运行的管控加强研究,积极采取应对措施,加强对无人机飞行的管理,以跟上无人机研制开发和无人机运行管理需求的步伐,使我国的无人机发展最大限度地满足国民经济发展和国防建设需要。

本书内容的选材与组织力图体现系统性、应用性和前瞻性。全书共分为十章并附有十个附录。第一章绪论,概略介绍了航空器的诞生发展、航空器飞行基础、航空器飞行管理、无人机系统问世、无人机发展趋势和无人机飞行管理。第二章分析了无人机飞行的空管需求。第三章阐述了无人机飞行管理运行机制。第四章讨论了无人机飞行静态管理。第五章讨论了无人机飞行动态控制。第六章阐述了无人机飞行组织与实施。第七章讨论了无人机飞行活动规范体系架构。第八章讨论了基于当前环境的无人机飞行管理构想。第九章论述了基于城市空中交通的无人机运行构想与流程。第十章介绍了国外航空发达国家无人机管控概况。附录一:无人驾驶航空器飞行管理暂行条例。附录二:民用无人驾驶航空器系统空中交通管理办法(MD-TM-2016-004)。附录三:民用无人驾驶航空器经营性飞行活动管理办法(暂行)。附录四:民用无人驾驶航空器实名制登记管理规定。附录五:无人机飞行管理规章建议草案。附录六:四川省民用无人驾驶航空器安全管理暂行规定。附录七:深圳市民用无人机管理暂行办法(征求意见稿)。附录八:重庆市民用无人驾驶航空器管理暂行办法。附录九:浙江省无人驾驶航空器公共安全管理规定。附录十:厦门市关于进一步加强无人机等民用无人驾驶航空器安全管理的通告。

本书的出版得到了国务院、中央军委空中交通管制委员会(简称国家空管委)无人机飞行管理项目资助,书中内容体现了无人机飞行管理研究项目全体成员的智慧结晶。《无人机飞行管理》(西北工业大学出版社,2014年出版)发行后受到了广大读者的厚爱,不少读者提出了许多中肯的改进意见,一些读者建议紧随无人机的发展增加最新的管理内容与建议、构想。因此,本书出版时,在与西北工业大学出版社杨军老师的共同谋划下,从全书结构的合理性、知识的系统性、内容的科学性和实践的指导性考虑,决定对《无人机飞行管理》内容结构安排做较大调整,增加"无人机飞行组织与实施""基于当前环境的无人机飞行管理构想"和"基于城市空中交通的无人机运行构想与流程"三章有利于了解无人机飞行实施与运行管理的内容,并将书名确定为《无人机飞行管理及应用》。

本书由陈金良担任主编,张波、杜海担任副主编。其中第四、五章和附录五由陈金良编写,第七、十章由高文明编写,第一章由陈金良、郑永航、赵珊、李海琴编写,第二章由陈金良、张建国、周轩平、祝小梅编写,第三章由陈金良、张波编写,第六章由张波、赵健竹、刘文编写,第八章由陈金良、张波、杜海、王琳编写,第九章由陈金良、张波、李明、何祎铖编写。

在本书的编写过程中,吉利学院、西华大学及北京航空航天大学成都创新研究院领导和机关给予了大力支持,周思怡、姚宇航、刘素、周轩平等协助制作了教学配套PPT,西北工业大学出版社杨军老师对结构搭建和内容安排上给予了诚恳的建议,在此一并谨致谢意。

锢于笔者水平,书中错误和不当之处在所难免,敬请专家和读者指正。

编 者

2023 年 3 月

目　　录

第一章　绪　　论

一、航空器诞生发展

航空，是指人类利用器械在大气层中飞行的活动。人类对航空的渴求早在古代就已萌发，2 000多年以前，世界上最早的实用飞行器——风筝，就已在中国诞生了。据《墨子·鲁问》中记载，春秋时期著名的工匠公输般已能"削竹木以为鹊，成而飞之"；而《后汉书·张衡传》中说，东汉著名的科学家张衡也曾制造出了能够飞翔的木鸟。唐代赵昕著《息灯鹞文》中记载，楚汉争霸时，韩信在垓下之战中便曾使用过风筝，南北朝时风筝已正式用于军事联络。五代时的松脂灯，又名"孔明灯"，是利用热气升上天空的，其实便是一种原始的热气球；西方学者称之为"中国陀螺"的竹蜻蜓则被普遍视为现代旋翼机的雏形[①]。航空的蓬勃发展始于近代，自莱特兄弟在1903年发明飞机后，各国的军方对航空产生了浓厚的兴趣，一直是航空发明的主要资助者，莱特兄弟飞机的第一个买家就是美国陆军通信兵团。直到第一次世界大战结束后，随着军事需要的遽然减少，才开始将之应用于民间的邮政及交通运输。直到20世纪60年代后期，随着喷射机飞行高度高过大部分的天气变化层(30 000 ft左右，1 ft＝0.304 8 m)，同时可提供快捷又平稳、舒适的旅程，搭机旅行才逐渐广为大众接受。目前全球每年搭乘飞机的旅客约有16亿人次之多，并还在逐年增长。虽然民用航空成为航空的主要需求，但由于人类世界的各种矛盾依然存在，所以各国军队对航空的需求仍然非常强烈，空中作战、侦察、对地攻击，空中运输，有人驾驶、无人驾驶等形形色色的航空器层出不穷，未来航空的发展变得趋于多元。

二、航空器飞行基础

(一)航空器飞行的基本条件

航空器之所以能在空中飞行，必须具备一些最基本的飞行条件：一是要能克服地球对其引力的作用；二是要有供其起飞、降落的场地；三是要有操纵航空器的飞行人员；四是要有保障航空器安全飞行的规则；五是要有适于航空器飞行的外部气象环境。

---

① 闫瑞瑞，《中国航空发展史》，百度文库。

(二)航空器飞行的基础原理

航空器要想克服地球引力,浮在大气层中自由飞行,必须有足够的升力抵消航空器的重力。对于重于空气的航空器而言,主要靠飞行中空气流过航空器机翼或旋翼上下表面产生的压力差(升力)来支撑航空器在空气中的飞行(见图1-1和图1-2)。

图1-1 直升机、飞机

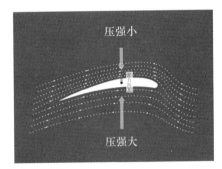

图1-2 升力产生示意图

气球、飞艇类航空器则是靠充于其内部的气体轻于外部的空气,产生了克服航空器自身重力的升力,使航空器浮于空气中飞行的。

(三)航空器飞行的实施过程

航空器飞行,就是航空器离开地面,靠自身升力消除自身重力的影响,在大气层中运动。航空器飞行通常需要经过起飞、空中飞行和降落三大过程。

起飞,是指航空器离开地面上升到空中安全飞行的过程。飞机起飞,是指飞机从开始滑跑到离开地面,并上升到起飞安全高度(即起飞飞越障碍高度,一般规定为15 m)的运动过程。飞机起飞过程一般分为滑跑、离地、小角度上升和上升等几个阶段。

空中飞行,是指航空器在空中平稳地保持一种飞行姿态的运动,通常有平飞、上升、下滑、转弯、盘旋等姿态。对于战斗机而言,还有与战术需要相关的各种飞行姿态,如俯冲、跃升、各种特技飞行等姿态。

降落,是指航空器结束空中飞行安全着陆到地面的运动过程。飞机着陆是指飞机从着陆进入高度(一般规定为15 m)下滑并降落于地面,滑跑直至完全停止的整个减速运动过程。飞机着陆可以分为下滑、拉平、平飘、接地和滑跑五个阶段。着陆的主要特点是降低高度和减慢速度,以便使飞机轻轻触地,并尽快停止运动。

三、航空器飞行管理

航空器飞行不同于地面物体移动,航空器自身质量问题、飞行员操作问题、空中气象环境和飞行保障环节等各种因素都会干扰或影响航空器的正常飞行,甚至会危及航空器的飞行安全或地面人员的生命、财产安全。因此,如何对航空器的飞行活动实施有效的安排、协调与控制,使航空器的飞行安全水平处于人们可接受的阈值范围,一直是航空器问世以来人们关注与研究的重要问题。航空器飞行管理,主要是建立安全、高效的飞行环境,设立拥有必要权力的管理机构,提供必要的法律与管理规章,建立并形成适当的安全管理机制。航空器飞行管理通常包括航空器及其设备的质量管理、航空器飞行环境的建设管理、航空器飞行的人因安全管理以及航空器飞行的组织运行管理四大类。

(一)航空器及其设备的质量管理

航空器及其设备的质量管理亦称航空器及其设备的适航管理。航空器适航性是指"在预期的使用环境中和在经申明并被核准的使用限制之内运行时,航空器(包括其部件和子系统,性能和操纵特点)的安全性和物理完整性"。

航空器适航管理,就是由国家航空管理相关部门对航空器的设计、生产、使用和维修等都制定适航标准,规定或审定发证及实施检查、监督,使航空器及其设备在航空器有限的运行生命期内始终符合适航标准,处于适航状态。

适航管理是航空安全保障系统工程中的一个环节,它涉及了航空器的设计、生产、使用和维修的每一个阶段,从初始适航性到持续适航性,进行全过程的监督和管理,无疑将为航空安全奠定一个坚实的物质基础,即符合适航标准的航空器是保障民用航空安全的重要前提。

航空器适航管理的主要内容如下:

(1)制定有关航空器适航规章、标准、程序、指令或通告并监督执行。

(2)对航空器进行型号合格审定、颁发型号合格证。

(3)对航空器(包括主要部件、零件)进行生产许可审定,颁发生产许可证。

(4)对已取得国籍登记证的航空器进行检查鉴定并颁发适航证。

(5)为本国航空产品的出口厂商颁发出口适航证(或适航标签),以证明该产品符合本国的适航标准;根据外国航空产品制造人的申请,对其型号进行审查,发给型号认可证(或设计、批准认可书),证明其符合本国的或等同于本国的适航标准。

(6)对维修企业进行审定、颁发维修许可证,维修企业要根据获批准的维修大纲制定维修方案,对维修人员进行考核并颁发执照。

(7)掌握航空器的持续适航状况、颁发适航指令。

(8)对安全问题或事故进行调查,对不符合适航标准,违反规章的采取吊销证书、执照或勒令停飞、罚款等措施。

(二)航空器飞行环境的建设管理

航空器飞行环境,主要是指与飞行紧密相关的各种客观条件,包括自然环境和人工环境。飞行的自然环境,主要是指飞行地带和空域、航路及其周围的地形地貌、山丘河川以及大气物理现象;飞行的人工环境,亦称社会环境或软环境,主要是指飞行场所的机场、航路、通信、导航、灯光、标志、保障飞行的各种固定设施和物体以及涉及航空器飞行的管理体制、运行机制和法规制度。航空器和飞行人员是主体,是航空器安全飞行的生产力,飞行环境是客体,是航空器安全飞行的条件,只有主体与客体的各种要素组成合理结构,通过信息流动、沟通联系、产生关系、互相协调,形成一个整体的航空器飞行安全保障系统,才能发挥整体的预设功能,确保飞行安全。

航空器飞行环境建设管理,就是建立安全、高效的飞行环境,即基于确保飞行安全的高度,从利于飞行的视角,去创造、选择、改善飞行环境,使之符合航空器飞行的安全需要。航空器飞行环境安全管理,主要涉及机场的选址、设计与建设,空域(包括航路)的规划与设计,保障飞行的通信、导航、监视、气象监测、预报设施设备的布局、规划与建设,与航空器安全运行相关的法规、制度建设,与航空器安全运行相关的组织体制的设计、建立与改革,以及保障飞行的航空气象的监测、预报工作的组织与实施等。

(三)航空器飞行的人因安全管理

安全是航空的永恒主题,安全和效率是航空界关注的目标,二者缺一不可,优化航空人员的工作表现是实现安全和效率的可靠保障。事故致因理论证明,造成事故的直接原因不外乎人的不安全行为和物的不安全状态两种因素。在现代社会生产生活中,物的不安全因素具有一定的稳定性,而人的不安全行为则由于其自身及社会的影响,具有相当大的随意性和偶然性,是引起事故发生的主要因素。

在百年航空发展史中,随着航空设计和制造业的发展,飞机的可靠性得到了很大提高。20世纪后期,由于航空器的安全水平的提高,飞机的机械原因导致的事故比例从80%降低到20%,但人为差错在先进的设备下仍然出现,并且越来越明显,占事故比例的70%左右。人们逐渐认识到,航空器的可靠性已远远大于人操作的可靠性,人的失误会对飞机造成更大的威胁,这就使得提高航空器安全的关注点逐步转移到人的身上。为此,世界各国都在积极探索解决人为因素的途径。因此,有必要对影响航空器飞行安全的人为因素进行深入分析,了解其在航空安全管理中的重要作用,进而采取针对性的措施,巩固航空器飞行的安全基础。

航空器飞行的人因安全管理,是指对涉及航空器飞行安全的各种人为因素,在深入分析研究致因条件、环境的基础上,针对性地采取切实可行的措施,将各种影响飞行安全的致因消除在萌芽状态,确保航空器飞行安全。根据航空器飞行全过程涉及的人群,航空器飞行人因安全管理主要在飞行人员、机务维护人员、航空管制人员和各种勤务保障人员中进行。管理活动通常是发现问题、分析原因、采取措施、督促落实。即先对各种人群所涉及的航空器飞行工作进行人为差错枚举分析,接着进行人为差错原因分析,针对分析的原因,制定切实可行的措施,督促检查所涉及人员对新措施的落实情况,发现偏差,及时纠正。对带有普遍性、全局性和程序性的问题,必须通过制定相关法规制度、规则章程,促使相关人员在航空器飞行工作中严格按章办事,杜绝人为差错的发生。

(四)航空器飞行的组织运行管理

航空器飞行的组织运行管理,是指在组织实施航空器飞行的全过程中,基于合理规划、科学控制、提高效率、确保安全的思想,利用各种先进管理工具,对航空器飞行全过程中的组织实施行为进行科学、有效的安排,并严格按照预先设定的规程控制航空器飞行的进度和质量。

航空器飞行的组织运行管理主要任务是,制订航空器飞行计划,安排适于完成飞行任务的飞行人员,组织并检查保障飞行的设施、设备和人员的工作状态,协调涉及航空器飞行的各类人员的工作,检查并监督所有人员严格执行安全规定,及时发现并纠正航空器飞行中的事故征候和工作偏差,督促所有参与航空器飞行的人员严格按照批准的飞行计划实施,保证航空器飞行计划安全、顺利施行。其目的是,保证航空器运行得以安全、顺利地组织实施,并保质保量地完成预计飞行任务。航空器飞行的组织运行管理指导思想是,积极稳妥,安全第一。航空器飞行的组织运行管理的主要内容涉及航空器飞行资源管理、安全管理、飞行人员管理、航空器安全维护质量管理以及飞行保障管理等。

由于航空的特殊性质,航空器飞行的安全管理,实际上成为航空器飞行运行管理中的一项重要内容。安全管理的目的是提高对航空安全的主观认识,促进安全基础设施的标准化建设,提高风险分析和评估能力,加强事故防范和补救行动,维护或增加安全的有效性,持续对航空器飞行全程进行事故征候监控,以及通过审计检查对运行中所有不符合标准的方面进行纠正,对由审计检查形成的报告实施共享等。通过风险控制的方法,阻止航空事故链的形成,避免航空事故的发生。

四、无人机系统问世

(一)无人机系统诞生

与诸多改变世界游戏规则的技术革命一样,那些看似毫无关系的发明创造以新的方式结合起来,或许就能诞生出新的概念。著名的发明天才尼古拉·特斯拉于1898年研制出世界上第一枚被称为"遥控自动化"的水下制导鱼雷,并在此工作基础上首次提出了利用无线电遥控驾驶一种飞行器作为飞行制导炸弹的想法,由此诞生了无人机系统(Unmanned Aircraft System,UAS)的概念。在莱特兄弟发明飞机之后,英国的卡德尔和皮切尔两位将军于1914年提议研制一种使用无线电操纵的无人驾驶小型飞机,主要用于空中投弹轰炸目标的军事用途。随着无线电和自动陀螺稳定仪等新技术的出现,美国人埃尔默·斯佩里带领团队在海军的支持下开始研究一种可以在无人驾驶情况下自行发射,并通过制导飞行到1 000码(914.4 m)以外目标的"柯蒂斯"N-9航空鱼雷。经历多次失败后,斯佩里团队于1918年3月6日实现"柯蒂斯"原型机试飞成功,标志着无人机系统的诞生。

早期的无人机系统由于飞机动力较小,通信距离较短,任务功能比较单一,无人机系统由专业人员进行遥控操作飞机,所以主要在军事领域中将其用作靶机和自杀式无人机。第二次世界大战结束后,随着无线电导航技术的改进、雷达测绘的出现、惯性导航技术的运用,无人机终于实现自主控制飞行,无人机系统开始逐步完善,并被赋予执行更多任务。越战期间,美军为减少伤亡或降低被俘的风险,使用大量无人机对越军高价值重点目标进行侦察工作,无人机系统的军事价值开始显现。直到1982年,以色列军队在第五次中东战争中首次采用无人机与有人机协同作战,之后的"海湾战争"中,美军发射诱骗雷达系统的无人机诱饵,完成对伊拉克防空系统的精确定位。无人机系统在军事战略、战役战术和军队建设中发挥着越来越大的作用,从而引起了各国军方高层的重视,深入拓展无人机系统研发事业,努力发掘其潜在军事价值。

20世纪90年代以来,随着信息化、材料轻量化、卫星通信、全球定位等技术迅猛发展,无人机系统的研发设计开始从军事辅战型装备向主战型装备转变,各国相继成立无人机专业部队,并装备大型战术无人机系统。随着各种高新技术竞相被应用到无人机系统的研发和设计上,无人机的性能不断提升,不仅大幅增加了续航时间,还提高了图像数据的传输速度和稳定性。此类无人机系统可以从各种常规和非常规平台起降,甚至可以实现空中加油,诸如"全球鹰"和"捕食者"等各种军用无人机系统不断更新迭代,频频执行各类侦察和斩首行动。2012年,美国空军训练的无人机操作员数量已经超过了战斗机飞行员的数量,标志着无人机系统在军事领域中大规模应用时代的到来。

进入21世纪,随着芯片技术、人工智能等高新技术的发展,无人机向智能化、小型化发展,由此开始民用无人机系统的大规模应用。仅仅十余年时间,民用无人机系统已经在各行业领域全面开花,市场逐渐成熟。当前民用无人机系统在农业、测绘、交通、物流、防灾、巡检等多个场景应用中,实用价值也在不断提升。

我国的无人机系统研究起步于20世纪50年代后期,至1966年12月,我国研制的第一架无人机"长空一号"试飞成功。经过多年的自主研发,我国先后研制出"翼龙""彩虹"等系列无人机系统,备受世人瞩目,在全球军用无人机市场上能与美国、以色列一较高下。在2009年国庆阅兵仪式上,破天荒地出现了无人机方队。无人机成为我军信息化条件下提高作战效能的倍增器。近年来,伴随我国经济的快速发展和科技水平特别是电子信息技术的全面提高,我国又涌现出一批以大疆为代表的高科技无人机公司,在世界民用无人机市场占据绝对优势地位。目前,我国已经具备了自主设计研发低、中、高端无人机系统的能力,形成了配套齐全的研发、制造、销售和服务体系。

无人机系统历经百年发展,功能愈发强大,应用范围和场景越来越广。在战争和技术双引擎驱动下,未来无人机系统将持续向多用途、智能化和集群化方向发展。

(二)无人机系统组成

由于没有驾驶员进行直接控制,无人机(Unmanned Aerial Vehicle,UAV)需要相关的装置和设备,并在一定的控制下才能正常运行和完成任务目标。无人机本身只是无人机系统的空中飞行器部分,但无人机系统的各部分是以无人机为主体,相互协同工作的。一个典型的无人机系统至少应包括飞行器、一个或多个地面控制系统和任务规划与控制站、有效载荷及数据链路。此外,很多无人机系统包括发射与回收子系统、航空母舰与其他地面处理及维护设备。

一个非常简单的、普通的无人机系统组成如图1-3所示。

任务规划与控制站

天线

电源车

图1-3 无人机系统组成图

随着无人机性能的不断发展和完善,能够执行复杂任务的无人机系统包括以下各个分系统。

(1)无人飞行器分系统:机体、动力装置、飞行控制与管理设备等。

(2)任务设备分系统:战场侦察校射设备、电子对抗设备、通信中继设备、攻击任务设备、电子技术侦察设备、核生化探测设备、战场测量设备、靶标设备等。

(3)测控与信息传输分系统:无线电遥控/遥测设备、信息传输设备、中继转发设备等。

(4)指挥控制分系统:飞行操纵与管理设备、综合显示设备、地图与飞行航迹显示设备、任务规划设备、记录与回放设备、情报处理与通信设备、其他情报和通信信息接口等。

(5)发射与回收分系统:与发射(起飞)和回收(着陆)有关的设备或装置,如发射车、发射箱、助推器、起落架、回收伞、拦阻网等。

(6)保障与维修分系统:基层级保障维修设备、基地级保障维修设备等。

无人飞行器分系统是执行任务的载体,它携带遥控遥测设备和任务设备,到达目标区域完成要求的任务。测控与信息传输分系统通过上行信道,实现对无人机的遥控;通过下行信道,完成对无人机状态参数的遥测,并传回侦察获取的情报信息。任务设备分系统完成要求的侦察、校射、电子对抗、通信中继、对目标的攻击和供靶等任务。指挥控制分系统完成指挥、作战计划制订、任务数据加载、无人机地面和空中工作状态监视与操纵控制,以及飞行参数和情报数据记录等任务。发射与回收分系统完成无人机的发射(起飞)和回收(着陆)任务。保障与维修分系统完成无人机系统的日常维护,以及无人机的状态测试和维修等任务。

(三)无人机系统的工作原理

本书主要是针对无人机飞行管理进行讨论的,因此对无人机系统工作原理的介绍也主要围绕无人机的飞行管理与控制部分,省略无人机机体设计、发动机、发射机、机载装备等与运行管理无密切关系的部分。

1. 无人机系统基本结构

无人机是一种自带动力的、无线电遥控或自主飞行的、能执行多种任务并能多次使用的无人驾驶飞行器。要实现无人机的自主飞行，顺利完成指定任务，其飞行控制、导航与制导是最关键的技术。无人机系统基本结构示意图如图1-4所示。

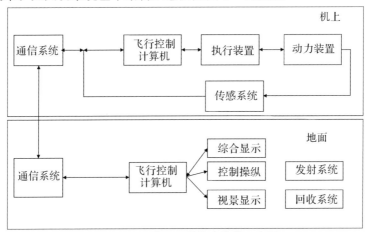

图1-4 无人机系统基本结构示意图

无人机自动飞行控制系统的基本任务是使无人机在空中受到干扰的情况下保持飞机姿态与航迹的稳定，以及按地面无线传输指令的要求，改变飞机姿态与航迹，并完成导航计算、遥测数据传送、任务控制与管理等。无人机导航系统的基本任务是控制无人机按照预定的任务航路飞行。实现导航的基本条件是必须能够确定无人机飞行的实时位置和速度等相关参数信息。制导系统的基本任务是确定无人机与目标的相对位置，操纵无人机飞行，在一定的准确度下，引导无人机沿预定的轨迹飞向目标。对于无人机来说，在自动飞行控制系统的基础上，导航、制导和飞行控制系统之间是相互联系的。

2. 无人机的飞行控制系统

无人机的飞行控制系统是无人机系统的"大脑"，主要执行飞行、操纵、指挥控制和任务管理。飞行控制是指在飞行中保持无人机姿态与航迹的稳定，包括俯仰、横滚、偏航三个轴向的姿态稳定，并根据地面的指挥控制指令，改变飞机的姿态与航迹；操纵与指挥控制完成对无人机操纵指令的发布与指挥决策；任务管理负责完成导航计算、遥测数据传送、任务控制与管理等。无人机飞行控制系统结构示意图如图1-5所示。

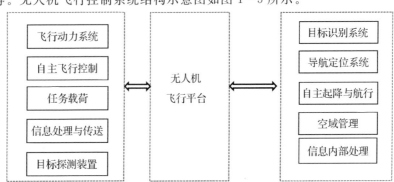

图1-5 无人机飞行控制系统结构示意图

无人机的飞行控制系统包括飞行平台控制系统和地面指挥控制站,是一种"人在回路"的大闭环控制结构。要实现无人机自动飞行,首先需要敏感部件测量无人机的飞行状态,然后由控制解算装置根据预置指令进行比较计算,输出控制信号给执行机构来驱动操纵舵面,从而产生空气动力和力矩来控制无人机的飞行状态。按照负反馈控制原理,当无人机偏离原始状态时,敏感部件感受到偏离方向和大小,并输出相应信号,经放大、计算处理,通过执行机构控制舵面相应偏转。由于整个系统是按负反馈原则连接的,所以其结果是使无人机趋向原始状态。当其回到原始状态时,敏感部件输出信号为零,舵机以及相连的舵面也回到原位,无人机重新按原始状态飞行。典型的平台飞行控制系统一般包括三个负反馈控制回路,即舵回路、稳定回路和控制(制导)回路。舵回路是为了改善舵机性能以满足飞行控制的要求,通常将舵机的输出信号反馈到输入端形成保证舵机控制性能的负反馈控制回路,这种随动伺服系统称为舵回路。舵回路一般包括舵机、反馈部件和放大器。稳定回路是由测量无人机飞行姿态信息的测量部件和舵回路构成自动驾驶仪,自动驾驶仪和被控对象(无人机)又构成了稳定回路,主要起稳定和控制无人机姿态的作用。由于该回路包含了无人机,而无人机的动态特性又随着飞行条件(如高度、速度等)的变化而变化,所以为了保证在各种飞行状态下都具有较好的性能,有时将控制律参数设置成可以随飞行条件变化的调参增益。由稳定回路和无人机重心位置测量部件以及描述无人机空间位置几何关系的运动学环节构成了控制回路(制导回路),主要起稳定和控制无人机运动轨迹的作用。控制(制导)回路是在无人机的角运动稳定与控制回路的基础上构成的,无人机的重心运动是通过控制无人机的角运动实现的,这种通过姿态的变化来控制飞行轨迹的方式,是目前大多数航空飞行器控制飞行轨迹的主要方式。

3. 无人机的通信系统

遥测、遥控与信息传输系统是无人机系统的重要组成部分。测控系统相当于把有人机的驾驶舱放到了测控站中,无人机的驾驶员通过下行链路接收来自无人机各种传感器输出的无人机飞行状态信息、机载设备状态的检测信息,以及接收与处理从任务载荷设备获取的各种任务信息,借助这些数据,通过上行链路对无人机的飞行和任务载荷设备的工作实现必要的控制,完成各种任务。

在不能完全依赖无人机上导航定位数据的情况下,还可以通过测控系统对无人机进行相关角度和斜距的测量来确定无人机同测控站的相对位置,再结合测控站本身的位置来实现对无人机的跟踪定位。当无人机处于测控站的视距范围外时,需要使用中继系统。依据情况不同可以选用以下三种中继方案中的一种为其服务。

(1)地面中继系统。地面中继系统是中继站设在地面上的中继系统。中继站可以与地面测控站规模相同,也可以是具有更好机动性的小型站。地面中继站实际上是一个增配了地面收发设备的测控站,主要用来克服地形对无线电电波的阻挡。

(2)空中中继系统。当地面测控站与无人机之间由于地形阻挡或距离太远而不能实现无线电通信时,可以通过在无人机、有人机、飞艇、气球等空中平台上设置中继站实现空中中继测控与信息传输。

（3）卫星中继系统。卫星中继是通过延伸作用距离实现对无人机超视距测控与信息传输的最有效的方式。适用于作为中继平台的卫星一般是地球同步卫星,其具有传输容量大、覆盖范围广、连续性好的特点,但由于需要在无人机上安装一定尺寸的跟踪天线,所以一般只适用于大型无人机。小型无人机则可以使用由近地轨道卫星组成的多卫星平台,其缺点是传输容量小。一般使用中继卫星时,仍然需要配置用于视距内测控与信息传输(包括无人机起降时)的测控地空视距链路。

4. 无人机基本控制方式

由于没有驾驶员直接进行驾驶操纵,所以无人机的控制方式主要包括遥控控制、程序控制/指令控制、半自主控制和自主控制等方式。

（1）遥控控制。遥控控制主要指操作员实时精确控制飞行器的气动舵面和发动机状态的过程。操作员需要实时观测信息以监控飞机并控制其机动,通信链路的可靠和畅通无疑是整个技术环节的关键。

遥控控制由上传指令和下传信号两个密不可分的环节组成,其工作原理如下。

上传指令,遥控站通过遥控发射机,向无人机发送无线电波,传达指挥命令,无人机上的遥控接收机接收并译出指令的内容,通过自动驾驶仪,按命令操纵舵面或通过其他接口操纵机上任务载荷,这种控制方式又称指令遥控。

下传信号,要掌握无人机飞行姿态和机上各系统工作情况,是通过遥测系统来实现的。所谓遥测,就是对被测对象进行远距离测量。其过程如下。首先,传感器测出被测对象的某些参数,并将其转变为信号,然后利用通信和数据传输技术,将这些信号传递到远处的遥测终端,进行记录、处理及显示。

（2）程序/指令控制。程序控制指按预先装订的内容(预编程序)由自动驾驶仪自动实现对无人机的控制,以完成预先确定的航路和规划的任务。指令控制则是向驾驶仪提供导引和控制指令。目前,世界上已投入使用的无人机一般都有程序/指令控制方案。

（3）半自主控制。半自主控制指任务控制站根据最新的态势感知结果实时生成任务计划,通过数据链加载到无人飞行平台,平台控制系统根据飞行中加载的任务计划,实现决策和控制。

（4）自主控制。自主控制意味着能在线感知态势,并按确定的任务、原则在飞行中进行自主决策并执行任务。自主控制的挑战就是在不确定性条件下,实时或近实时地解决一系列最优化的求解问题,并且不需要人的干预。在根本上它需要建立不确定性前提下处理复杂问题的自主决策能力。人工智能是解决无人机自主控制问题的重要手段,自主控制水平的高低也依赖于智能技术的发展,但可获得信息的完整和准确程度对人工智能系统感知态势、解释环境和做出反应的能力有很大影响。

(四)无人机升空与回收

1. 无人机放飞技术

对于无人机的发射,通常要求发射设备具备简单、发射距离短、可靠性高等特点。已有的无人机发射方式可归纳为起落架滑跑起飞、手抛发射、零长发射、滑轨式发射、从发射车上发射、母机空中发射、容器式发射装置发射和垂直起飞等类型。在地面发射时,无人机用得较广的发射方式是零长发射与滑轨式发射方式。大展弦比机翼的无人机,特别是长航时无人机,通常用起落架滑跑起飞方式。空中发射方式的主要优点是机动性高,发射点活动范围大,可降低无人机燃油载量和航程要求,大、中、小型无人机都有采用这种发射方式的,美国有较多大型无人机采用空中发射方式。容器式发射装置常用于发射小型无人机,或用于军舰和潜艇上发射无人机。垂直起飞方式是海军和海军陆战队常采用的无人机起飞方式。

(1)起落架滑跑起飞。此种起飞方式与有人飞机相似,其区别在于以下几点。

1)有些无人机采用可弃式起落架,滑跑起飞后起落架便被扔下,回收无人机时采用别的方式。

2)大多数无人机,尤其是中、小型无人机,采用非收缩型起落架,航程较远和飞行时间较长的大型无人机用收缩型起落架。

3)起飞滑跑跑道短,对跑道的要求也不如有人飞机那样苛刻。例如,美国的"秃鹰"、巴西的 BQM - 1BR 采用可弃式起落架。

(2)手抛发射。这种发射方式最简单,由一人或两人把握,靠无人机自身动力起飞。手抛发射的无人机通常最大尺寸小于 3 m,发射质量为几千克到十几千克。例如,美国的 FQM - ISLA"指针"是单人携带/发射式无人机,翼展为 2.74 m,机长为 1.83 m,最大发射质量为 3.6 kg;英国的 BIT - 1 Imp 是单人发射无人机,其翼展为 1.83 m,机长为 1.09 m,最大发射质量为 5.9 kg。

(3)零长发射。无人机安装在零长发射装置上,在一台或多台(通常是两台)助飞火箭发动机推力作用下飞离发射装置,飞机起飞后扔掉助飞火箭,由机上主发动机完成飞行任务。例如,加拿大的 CL - 289 机身尾部装有一台涡喷发动机,在其后通过推力杆连接一台助飞火箭发动机。在助飞火箭作用下,无人机从车载零长发射装置上发射。助飞火箭工作几秒后,自动与无人机分离,由涡喷发动机完成飞行任务。英国的"小鹰"机身下部两侧各装一台可弃式助飞火箭,在两台助飞火箭作用下,无人机从零长发射架上起飞。助飞火箭工作后被扔掉,无人机由机上涡喷发动机完成飞行任务。

(4)滑轨式发射。无人机安装在轨道式发射装置上,在自身助飞发动机或发射装置上的动力装置作用下起飞。无人机飞离发射装置后,在主发动机作用下完成飞行任务。发射装置上的动力装置有弹力式、液压式和气动式。例如,英国的"不死鸟"在液压弹射器作用下从车载斜轨上发射;法国的"玛尔特"MKn 在弹簧索弹射装置作用下从斜轨上发射;比利时的"食雀鹰"在自带的 M3 型火箭助推器作用下从 2.5 m 短轨上发射。

(5)从发射车上起飞。无人机安装在三轮或四轮发射车上,机上发动机的推力作用使无人机与发射车组合体沿普通跑道滑跑,在加速到无人机起飞速度时释放无人机。组合体的滑跑方向由地面站发送指令控制。滑跑路线有直线滑跑和沿圆周线滑跑两种。在后一种情况下,发射车与跑道中心的标塔用缆绳相连,由缆绳长短决定发射车圆周滑跑线的半径,当发射车滑跑几圈,加速到无人机起飞速度时,无人机飞离发射车。例如,澳大利亚的"金迪维克"和英国的 GTS 7901"天眼"无人机都采用这种发射方式。

(6)母机携带,空中发射。无人机由有人飞机(固定翼母机或旋翼式直升机)携带到空中,当飞到某飞行高度和速度时,空中发射无人机。固定翼母机携带无人机,一般采用翼下悬挂或机腹半隐蔽式携带方式,直升机一般由机身两侧携带无人机。例如,美国的154型由DC-130"大力神"母机携带,进行空中发射。目前,正在研究由无人机作母机,空中发射无人机的方式。

(7)容器式发射装置发射。容器式发射装置是一种封闭式发射装置,兼备发射与储存无人机功能。它有单室式和多室式两种类型。德国KDAR无人机用单室式发射装置发射,多室式发射装置含有多个发射(储存)室,每室内有一架无人机,安置在室内发射轨道上,室内还配备有动力设备和电子设备。发射时,靠室内动力设备开启室门,推出轨道,调整发射角度后,可按先后次序发射每个室内的无人机或成组发射无人机,也可同时齐发无人机。例如,美国的"勇士"200采用一种国际标准尺寸2.44 m×2.44 m×6.1 m的容器式发射装置,此装置可装入15架无人机。

(8)垂直起飞。垂直起飞方式有两种类型:旋翼无人机垂直起飞和固定翼无人机垂直起飞。

1)旋翼无人机垂直起飞。这种起飞方式的特点是以旋翼作为无人机的升力工具,旋转旋翼使无人机垂直起飞。目前,世界上至少有四种旋翼式无人机——主旋翼/尾旋翼式(如美国的ARC003)、共轴反旋双旋翼式(如加拿大的CL-227"哨兵"、美国的QH-50)、单旋翼式(如德国的Do34"田凫")和倾斜旋翼式(如美国的D-340"瞄准手")。由于这种起飞方式不受场地面积与地理条件的限制,所以适用范围广。

2)固定翼无人机垂直起飞。固定翼无人机垂直起飞有两种情况。一种是飞机在起飞时,以垂直姿态安置在发射场上,由飞机尾支座支撑飞机,在机上发动机作用下起飞。例如,美国的XBQM-108A无人机保留普通起落架装置,机尾有尾支座,可采用起落架滑跑方式起飞,也可以采用垂直姿态起飞。另一种是在机上配备垂直起飞用发动机,在该发动机推力作用下,飞机垂直起飞。例如,美国格鲁门公司设计的754型无人机,机上装有两种发动机:一种是巡航用涡轮风扇发动机,它沿无人机纵轴方向安装于机下发动机短舱内;另一种是起飞(着陆)用涡轮喷气发动机,装于机身内重心处。发动机轴线相对于飞机垂直线前倾20°,它只在无人机起飞(着陆)阶段工作30 s左右,由它提供85%垂直起飞升力,由涡轮风扇发动机提供15%垂直起飞升力,在这两种发动机的作用下,飞机垂直起飞/着陆。

2.无人机的回收技术

在无人机执行任务的过程中,回收过程是一个非常重要并且容易出现事故的阶段,因此,无人机回收技术已经成为影响无人机技术发展的关键之一,能否安全、可靠实现自动回收也成为评价无人机系统性能好坏的重要指标。无人机回收的关键技术主要包括三个方面:一是高精度无人机回收导航系统;二是高精度、高可靠性的飞行控制系统;三是可靠、安全的缓冲回收系统。回收系统的典型要求如下。

(1)能从飞行性能总范围内任一点回收。

(2)对飞行器或机载设备的损伤最小。

(3)回收系统结构简单、成本低廉、质量最轻、体积最小且易于安装。

(4)能长期存储和在恶劣的环境条件下工作。

(5)回收和修复的成本低。

(6)着陆准确。

(7)对战斗损伤和训练射击损伤不敏感。

(8)寿命周期成本低。

目前,无人机主要的回收方式有伞回收、网回收、气袋回收、气垫回收、空中回收、火箭制动回收等。

3.回收控制系统

无人机回收控制系统的作用是控制无人机平稳、安全、准确地飞向回收点。回收控制系统可分为自主型和引导型。自主型即无人机完全在自身智能化控制下降落,引导型则是人为地施加控制命令信号,对无人机进行回收。

无人机自动飞行主要由导航系统和自动驾驶仪完成。为实现准确定点回收,必须由高精度导航系统提供各类飞行信息,包括速度、方位、姿态等,然后通过飞行控制计算机操纵发动机或舵机,控制无人机回收。无人机回收导航系统主要由地面分系统和机载分系统两部分组成,主要有以下三种导航方式。

(1)雷达导航。雷达可以在能见度极差的情况下提供类似于光学成像的高分辨率图像,把测得的雷达成像信息与储存的无人机数字图像信息进行辨识就可以确定无人机的实时位置。当无人机偏离预定航线时,地面站发出控制指令使无人机按预定回收航线飞行。这种导航方式的优点主要是导航设备安装于地面,无人机体积小、质量轻、造价低。缺点是定位精度受限于雷达的定向精度,精度约为米量级,机载航向陀螺也存在随飞行距离增大的积累误差;回收必须采用地面雷达站,费用将增加,军事上也将因某些地区无法设置雷达站而受限制。此外,所需雷达设备价格也很昂贵。

(2)遥测导航。地面设备主要有自动测向设备、制导计算机、无线电遥控设备。机载设备有无线电信号发射机和遥控接收机、飞行控制计算机、自动驾驶仪、舵机系统。此系统由无人机发射信号作为辐射源,地面站使用无线电测向设备测得无人机姿态,采用无线电应答方式测量无人机距离,利用高度传感器和遥测信道测得无人机高度,由无人机的姿态、距离和高度确定无人机飞行参数。当无人机偏离航线时,通过遥控系统,把无人机引向预定目标。遥测导航方式受地面测量设备精度的限制,适合近程使用,远距离定位具有无线电信号延时问题。

(3)GPS/INS组合导航系统。全球定位系统(Global Positioning System,GPS)和惯性导航(Inertial Navigation System,INS)组合导航的总体性能远远优于各自独立的系统,因此普遍认为GPS/INS是目前和今后进行空中、海上和陆地导航定位较为理想的系统。其组合方案很多,不同的组合方案可实现不同性能要求和应用目的,如采用位置、速度组合的GPS/INS导航系统,采用伪距、伪距率组合的GPS/INS导航系统。

4.几种典型的回收方式

无人机的回收方式可分为降落伞回收、空中回收、起落架滑轮着陆、拦截网回收、气垫着陆和垂直着陆等类型。有些无人机采用非整机回收,通常是回收任务设备舱,飞机其他部分不回收。如美国的 D-21/GTD-21B 在完成飞行任务后,其任务设备舱被弹射出机体,由 C-130 飞机空中回收。有些小型无人机在回收时不用回收工具而是靠机体某部分直接触地回收,采用这种简单回收方式的无人机通常是机身质量小于 10 kg、最大尺寸在 3.5 m 以下的。如英国的 UMAC 1I 飞翼式无人机,完成任务后靠机腹着陆回收。

(1)降落伞回收。一些大型的遥控无人机翼展大、飞行速度高,在场地狭小的地区不能正常下滑着陆,因此,这些无人机多数采用降落伞悬吊回收的方案。回收伞可选择的结构形式有方形伞、平面圆形伞、底边延伸伞、十字形伞等。方形伞的优点是阻力系数较大,稳定性比圆形伞好;缺点是伞衣受力不均匀,结构布局不合理,伞衣四角底边向内收缩,容易造成伞衣被伞绳打伤的现象。平面圆形伞的优点是工作可靠,开伞快,伞衣受力均匀,包装方便;缺点是稳定性差,制造工艺较复杂。底边延伸伞的优点是开伞动载小,稳定性好,适于用作回收伞;缺点是阻力系数稍小,工艺性稍差。十字形伞的优点是稳定性好,制造工艺简单,开伞动载较小;缺点是阻力系数较小,质量和体积略大。降落伞回收是一种较普遍的回收方式。降落伞由主伞和减速伞(也称阻力伞、二级伞)组成。在无人机完成任务后,地面站发遥控指令给无人机,使发动机慢车,飞机减速、降高。当飞机在某高度和飞行速度时,开减速伞,使飞机急剧减速、降高。此时,发动机已停车,在无人机降到某飞行高度和速度时,回收控制系统发信号,使主伞开伞,先呈收紧充气状态,过了一定时间,主伞完全充气,无人机悬挂在主伞下慢慢着陆。机下触地开关接通,使主伞与无人机脱离。这是对降落伞回收过程最简单的描述,省略了中间环节和过程。

为尽量减少无人机回收后的损伤,特别是为了保护机载任务设备,有些无人机还在机体触地部位安装了减震装置。充气袋是一种常用的减震装置。同时还应使机体着地部位尽可能远离任务设备舱。如加拿大的 CL-289 回收时,无人机上下翻转 180°,使机腹在上,机背在下,机背前后的着陆气包着地,吸收撞击能量,保护机腹内的任务设备。有些无人机机体着地部分被设计得比较脆弱,当作飞机着地的减震装置。如英国的"不死鸟"在回收开伞后翻转 180°,机腹朝上,机背向下,机背整流罩较脆弱,允许着地时被压扁,吸收着地撞击力,保护机腹内的任务设备舱。

为了选择适当大小的降落伞,必须考虑接地速度与主伞面积的关系。无人机伞降的接地速度与机体强度、着陆时缓冲装置的设计及伞舱的容积和伞的质量要求等有关。如果伞的质量和体积要求比较小,则主伞面积要设计得较小,垂直下降速度就比较大,但以不损坏无人机为基本要求。国外回收伞的接地速度一般为 6.7～7.6 m/s。

(2)空中回收。用大飞机在空中回收无人机的方式目前只在美国被采用。若要采用这种回收方式,大飞机上必须有空中回收系统。无人机上除了有阻力伞和主伞之外,还需有钩挂伞、吊索和可旋转的脱落机构。其简单回收过程如下:地面站发出遥控指令,阻力伞开伞,同时使发动机停车,当无人机在阻力伞作用下降到一定高度和一定速度时,回收控制系统发出开主伞控制信号,打开钩挂伞和主伞,主伞先呈收紧充气状态,不久就完全充气。此时钩挂伞高于主伞,钩挂伞下面的吊索保证指向主伞前进的方向,在吊索上安装指示方向的风向旗,使大飞机便于辨认和钩住钩挂伞。这时,大飞机逆风进入,钩挂无人机钩挂伞与吊索,当钩住时,主伞自动脱离无人机,大飞机用绞盘绞起无人机,空中悬挂运走。这种回收方式不会损伤无人机,但是为回收无人机要出动大飞机,费用较高;在回收时要求大飞机驾驶员有较高的驾驶技术,且受天气影响大,加上伞的性能无法事先估计,其回收的可靠性低。随着回收技术的提高,回收的可靠性将会提高。如美国的"火蜂"无人机用空中回收方式,在回收时,直升机钩挂高于主伞 24.08 m 的钩挂伞。

(3)起落架滑轮着陆。这种回收方式与有人飞机类似,不同之处有以下几点。

1)对跑道要求不如有人飞机严苛。

2)有些无人机的起落架局部被设计得较脆弱,允许着陆时撞地损坏,吸收能量。例如,英国的"大鸭"Ⅰ,这是一种质量为 15 kg、翼展为 2.70 m、机长为 2.10 m 的小型无人机,机身下有着陆滑橇,机翼有翼尖滑橇,翼尖滑橇较脆弱,回收时允许折断,以吸收撞击力。

3)为缩短着陆滑跑距离,有些无人机如以色列的"先锋""猛犬""侦察兵"等在机尾装尾钩,在着陆滑跑时,尾钩钩住地面拦截绳,大大缩短了着陆滑跑距离。

(4)拦截网回收。用拦截网系统回收无人机是目前世界上小型无人机普遍采用的回收方式之一。拦截网系统通常由拦截网、能量吸收装置和自动引导设备组成。能量吸收装置与拦截网相连,其作用是吸收无人机撞网的能量,免得无人机触网后在网上弹跳不停以致损伤。自动引导设备一般是一部置于网后的电视摄像机,或是装在拦截网架上的红外接收机,由它们及时向地面站报告无人机返航路线的偏差。当无人机返航时,地面控制站要求无人机以小角度下滑,最大速度不得超过 120 km/h,操纵人员通过电视监视器监视无人机飞行,并根据地面电视摄像机拍摄的图像,或红外接收机接收到的无人机信号,确定返航路线的偏差,然后半自动地控制无人机,修正飞行路线,对准地面摄像机的瞄准线,飞向拦截网。无人机触网时的过载通常不能大于 6g,以免拦截网使之遭到较大损坏,以色列的"侦察兵"、美国的"苍鹰"等都用拦截网回收。

(5)气垫着陆。20 世纪 70 年代出现气垫车和气垫船,它们利用气垫效应离开地面或水面腾空行驶。无人机气垫着陆的工作原理是一样的。在无人机的机腹四周装上"橡胶裙边",中间有一个带孔的气囊,发动机把空气压入气囊,压缩空气从囊孔喷出,在机腹下形成高压空气区——气垫。气垫能够支撑无人机贴近地面,而不与地面发生猛烈撞击,20 世纪 70 年代中期美国用澳大利亚的"金迪维克"无人机作气垫着陆的研究机,进行气垫着陆项目试验研究,取得了较大的成绩。气垫着陆的最大优点是,无人机能在未经平整的地面、泥地、冰雪地或水上着陆,不受地形条件限制,并且不受无人机大小、轻重限制,且回收速率高,据说可以达到 1 min/架次,而空中回收则是 1 h/架次。

(6)垂直着陆回收。旋翼航空器,则以旋翼旋转作为获取升力的来源,调节旋翼的旋转速度以改变升力,使无人机缓慢着陆;固定翼航空器,则是以发动机推力直接抵消重力,使无人机缓慢着陆。

(五)无人机支撑技术

1.无人机设计技术

无人机气动布局设计技术的主要任务是选择无人机的布局,计算机辅助确定无人机总体设计参数的最佳组合,以满足无人机的性能要求。无人机的设计和有人驾驶飞机一样,在初始阶段都需要对总体方案进行分析、比较和论证；需要对飞机的气动特性、动力特性、质量特性和飞行性能等进行估算。计算机辅助进行总体设计参数优化的好处是能对众多可行方案进行快速比较，寻找最优方案，从而发掘方案潜力，提高设计质量，缩短设计周期，降低设计成本。与有人驾驶飞机相比，无人机有许多特点，因而对已有的计算机辅助有人驾驶飞机总体设计参数优化系统不能直接搬用。无人机的最大特点是必须采用自动控制系统，以保证其正常飞行。因此，机上的遥控、遥测和飞行控制系统等电子设备的质量相对全机总质量的比例较大。而且无人机增加了发射（如助推火箭等）与回收（如降落伞等）装置。由于无人机不需人驾驶，所以其机身布置、全机结构的受载、操纵系统的设计诸方面都和有人驾驶飞机存在差异。

飞机总体设计是一种非常复杂的工程设计，很难将目标函数表达为优化参数的某个数学表达式并求导，只能通过计算目标函数值，由函数值提供的信息决定寻优的策略。因此飞机总体设计参数优化问题只能采用多变量优化的直接方法。对于隐身无人侦察机来说，气动设计首先要在隐身性能和气动性能之间进行较好的折中。对于无人战斗机来说，其气动外形除了要满足隐身和高升阻比的要求外，还要满足高机动性的要求。现在提出的无人战斗机的布局方案大多是无尾方案，并采用推力矢量控制。对于无尾构形来说，在气动方面的最大挑战是寻找新的操纵机构，能代替被取消的垂直尾翼，产生足够的偏航力矩，使飞机能完成高敏捷性所要求的各种动作。为了满足无人战斗机气动设计的要求，空气动力学的研究与发展工作必须先行一步。该研究与发展工作的重点是：隐身外形及其气动性能，大攻角时的旋涡流动，先进操纵面方案及其气动性能，推力矢量控制中的喷流干扰问题，超声速减阻问题等。该研究与发展工作除了依靠风洞试验、计算空气动力学等手段外，还应重视飞行试验的验证。

2.无人机动力装置技术

随着无人机两极发展趋势的逐步形成，对无人机的发动机技术提出了新的、更高的要求。超长续航时间的大型无人机的长滞空特性，使得在承载燃油受到限制的情况下，要求必须有低油耗、高可靠性的新型发动机技术来满足其功能要求。相反，对于微型无人机的发展，微型动力装置成为其核心研究内容之一。新动力概念已经在许多正在开发的微型无人机上加以实践和研究，如生物能转化技术就是将化学能转化为往复式化学肌肉运动；太阳能动力技术也正处于实验研究阶段。无人机的动力系统必须满足长寿命、低油耗、高推重比的要求。当前，无人机使用的发动机主要有活塞发动机、涡轮发动机、转子发动机、电动发动机、太阳能发动机、微波动力发动机等。航空活塞发动机油耗低、故障率低、噪声小、质量轻等优点使它成为无人机动力装置的首选。活塞发动机虽然有很多优点，但它的高空性能还是比不上喷气式发动机，再者，随着无人机任务载荷、空机质量的逐渐增加，活塞发动机已经不能满足大型无人机的使用要求，涡轮发动机良好的高空性能可以很好地满足无人机设计方面的要求。这类发动机具有高推重比、低油耗率和长寿命的特点。但对发动机的控制技术有待更深入的研究。太阳能发动机是一种具有发展前景的动力装置。无人机动力系统需要进一步研究的技术有自适应优化调节技术、发动机冷却技术、消音技术、红外抑制技术等。为满足不同功能和性能无人战斗机的机动性和成本的需求，需要开发研制大机动的小型涡喷发动机、小型涡扇发动机和低成本的高推重比重油发动机和发动机增压技术，研究能满足超高速无人战斗机的高性能火箭/空气吸气式组合发动机。

3.机载任务设备技术

随着雷达技术、光电技术和数字技术的飞速发展，21世纪无人机作战任务设备正向全天候、高分辨率、远距离、宽收容、实时化、小型化等方向发展，其性能将有质的飞跃，探测距离大幅度增加，灵敏度、分辨率更高，质量更轻，体积更小。①发展无人机机载雷达。无人机机载侦察雷达在海湾战争以后得到迅速发展，科索沃战争、伊拉克战争和阿富汗战争也充分表明，无人机机载侦察雷达在未来的高技术战争中，将起到非常重要的作用。②开发高性能光电/红外传感器。光电/红外传感器是无人机最基本的任务设备。随着无人机侦察任务要求的提高和反侦察技术的发展，必须应用数字技术、图像处理技术、数据压缩技术和目标自动识别技术，开发新型的、高性能光电/红外传感器，实现大范围快速、精确侦察。③发展无人机机载情报侦察系统。无人机相对于有人侦察飞机来说，具有飞行高度较低、速度较慢、航时较长等特点，而且无人机可以深入敌方腹地，进一步靠近敌人信号辐射源的空域，截获一些重要的小功率近距离通信信号，完成载人侦察飞机无法完成的任务，因此，将无人机作为通信情报侦察的一个重要平台，是美国自20世纪90年代中期以来追求发展的目标之一，目前正处于开发试验阶段。

4.综合测控技术

无人机测控技术是无人机的关键技术，解决超视距条件下对无人机的跟踪定位、遥控指令、遥测数据和图像的中继传输，从而实现对中远程无人机的测控，实现空中中继测控。现阶段主要有两种解决方案：一是研究一种小型无人机作中继的新型测控系统，使地面站能有效地完成对中继机和任务机以及通过中继对任务机的测控，这主要适用于中、短距离测控；二是探讨以卫星作中继的测控体制，使地面站通过卫星信道完成对任务机的测控和侦察信息的传输，这主要适用于远距离测控（300 km以上）。

5.无人机侦察图像信息压缩传输技术

无人侦察机活动图像实时传输的特点：有一定的速高比，图像内目标像素小，目标数量大，图像是满屏运动，帧间相关性较差。为了保证侦察图像信息远距离传输的高准确性和高可靠性，要求侦察图像信息必须分辨率高、失真小，而且传输带宽尽可能窄。因此，中远程无人机侦察信息必须采用一种特殊的数字化压缩传输体制，选择合适的压缩算法，利用专用图像处理芯片来实现侦察信息的安全传输。

6.通信导航技术

无人机高精度定位技术对无人机的遥控遥测、导航定位及传输信息不仅要求实时性强，而且要求精度高，遥控指令完成对飞机及任务设备的实时控制，遥测信息实时反应飞机及任务设备的状态。导航定位信息必须有较高的实时性和精度。以往无人机系统是靠无人机综合测控系统的斜距/方位（Radius/Azimuth，R/A）数据或靠 GPS 系统独立定位的，目前无人机的导航定位技术向惯导、北斗定位导航系统、GPS 和格洛纳斯（Global Navigation Satellite System，GLONASS）的组合导航定位方向发展。现在无人机系统中大都已采用组合定位方式,这不仅提高了定位的实时性,同时也提高了定位精度。

7.抗干扰技术

无人机抗截获传输技术用于战场复杂电子环境中的无人机系统。为了提高无人机系统的生存能力,需要进一步采取抗干扰和保密措施。研究全数字化扩频解扩技术,其中包括零中频处理技术、高增益的数字相关处理技术和高速信号处理技术。探讨跳频与直接序列扩频相结合的抗截获信息传输技术,其中包括高速稳定的频率综合器技术和扩跳结合的捕获跟踪技术。

(六)无人机分类方法

无人机分类非常重要:一是可以指导无人机的发展;二是可以作为编写无人机设计规范或标准的依据;三是满足我国各军兵种针对不同装备需求,决策装备不同性能无人机的需要。鉴于我国无人机发展态势,无人机分类非常必要,意义深远。然而,无人机分类绝非易事,目前全世界共有50多个国家装备了无人机系统,无人机的基本型号已增加到300种以上,可谓种类繁多,型号各异,各有特点。对无人机进行分类,通常根据不同需要,可采取以下几种方式。

1.传统的无人机分类方法

目前,全世界无人机用途广泛,种类繁杂,各国根据对无人机认识的不同,有多种分类方法,通常有以下八种。

(1)按使用性质和归属分类。

1)民用无人机。该类无人机主要是民间使用。一般用于摄影、勘察、危险探情和航空爱好等用途。

2)军用无人机。该类无人机主要作为军事目的所用。一般用于情报侦察、战场侦察和空中作战等用途。

3)科研无人机。该类无人机主要作为研究、试验、科学目的或类似用途使用。

(2)按飞行质量分类。

1)微型无人机。最大起飞质量小于250 g(含)的无人机。

2)小型无人机。最大起飞质量大于250 g 小于25 kg(含)的无人机。

3)中型无人机。最大起飞质量大于25 kg、小于150 kg(含)的无人机。

4)大型无人机。最大起飞质量大于150 kg 的无人机。

(3)按飞行航程分类。

1)超近程无人机。该类无人机的活动半径一般在10 km(含)以内,通常是微型无人机。由于其体型微小,有效载荷特别是燃料少,所以航程短。

2)近程无人机。该类无人机的活动半径一般在200 km(含)以内,主要为作战指挥人员提供200 km 范围内的情报或为炮兵射靶使用。

3)中程无人机。该类无人机的活动半径一般在700 km(含)以内,主要用于战场环境侦察、毁伤效果评估等。

4)远程无人机。该类无人机航程一般在4 000 km 及以上,通常用于敌纵深监视与侦察,为实现空地一体战的敌纵深打击提供先决条件。该类无人机能在高对抗强度战场生存,具有精确制导、目标定位、自动跟踪目标等作战能力。

（4）按飞行高度分类。

1）超低空无人机。该类无人机飞行高度一般在 100 m（含）以下。

2）中低空无人机。该类无人机飞行高度一般在 100～7 000 m（含）。

3）高空无人机。该类无人机飞行高度一般在 7 000～15 000 m（含）。

4）超高空无人机。该类无人机飞行高度一般在 15 000 m 以上。

（5）按使用空域分类。

1）注册航空器/Ⅲ类 UAS。该类无人机能在所有空域中运行，无空速限制。与有人机一样遵循"一般运行与飞行规则（China Civil Aviation Regulations，CCAR－91）"的要求。即，要求具备与有人机同样安全的"感知－避让（Sense and Avoid，SAA）"功能，具备"适航证"和"操作人员的合格证书/执照"。该类无人机一般是在视距外飞行的。

2）非标准航空器/Ⅱ类 UAS。该类无人机在"未知交通空域"内运行，也可以使用交通量较少、有塔台的小机场，但在机场内不能与其他航空器共享空域。指示空速建议不超过 463 km/h（含）。这类无人机可在指定的限制条件下进行常规飞行，要求具备"适航证"和"操作人员的合格证书/执照"。

3）遥控模型机/Ⅰ类 UAS。该类无人机在远离机场的低空即 400 m（含）以下，地面高度（Above Ground Level，AGL）以上的空域飞行。空速限制：指示空速 100 n mile/h（建议）。该类无人机按遥控模型机管理。

（6）按留空飞行时间分类。

1）短航时无人机。该类无人机的留空续航时间一般在 10 h 以内（含）。

2）长航时无人机。该类无人机的留空续航时间一般在 10 h 以上。

（7）按控制模式分类。

1）遥控式无人机。由地面人员通过无线电发送指令并有效控制飞行的无人机，称为遥控式无人机。该类无人机，就是操控员实时操纵控制面板上的按钮开关，由地面发射机发出对应的无线电指令信号传输到无人机的遥控接收机上，用指令控制无人机飞行的高度、速度、航向等参数，并实施预定的飞行计划和工作计划。

2）半自主式无人机。当有地面控制指令时按控制指令飞行，当无地面控制指令时按预编程序指令飞行的无人机称为半自主式无人机。对该类无人机，操控员通过飞行管理系统界面去执行任务或改变任务，在没有输入控制指令情况下，无人机将实施预编程序的自动飞行。

3）自主式无人机。按预先输入的程序指令，自动飞行并执行预定任务的无人机称为自主式无人机，也称为时间程序控制型无人机。

4）三者兼备式无人机。具有遥控式、自主式和半自主式功能的无人机称为三者兼备式无人机。

（8）按投放方式分类。

1）火箭助推发射无人机。该类无人机在起飞投放时，将无人机装在发射架上，借助固体火箭助推器的动力实现零高度发射起飞。火箭助推发射装置可以车载或船载，因其展开或撤收简便、迅速，所需发射场地很小，适合在前沿地区、山区或舰船上使用。

2）母机空中投放无人机。该类无人机是由有人驾驶飞机（母机）把无人机带到空中，当飞到预定飞行高度和速度时,在指定空域启动无人机发动机后投放。

3)自主起飞。该类无人机像有人机一样利用机场跑道滑跑起飞或利用自身旋翼产生的升力垂直起飞。

2. 基于型谱的无人机分类方法

通常的无人机分类方法,是从单一方面对无人机进行的描述,为了便于对军用无人机的研制、生产、定型和装备进行规范管理,人们也借鉴有人机的管理方法,将无人机按照型谱进行分类。即按照功用、作战纵深与使命任务和纯技术层次三个方面进行分类。基于型谱的无人机分类方式如图1-6所示。

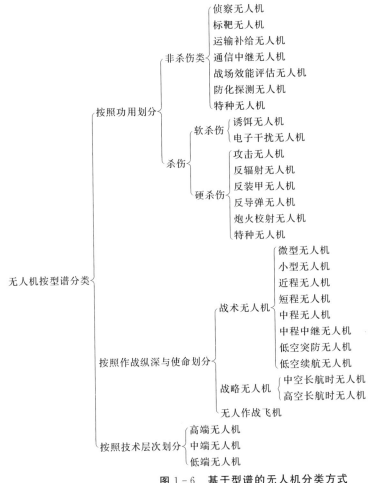

图1-6 基于型谱的无人机分类方式

3. 基于我国空管实践的无人机分类方法

以上两种分类方法,是人们对无人机的传统分类方法。从空管实践的目的出发,无人机的分类应该强调便于空中交通的管理,应该注重有利于确保飞行安全和社会安全。因此,必须根据对无人机飞行的管控要求,考虑无人机飞行的空域适用性,对无人机进行分类管理。

从便于空中交通的管理,有利于确保飞行安全和社会安全以及无人机飞行的空域适用性角度考虑,无人机分类应着重以下几种方法为主:一是按飞行质量分类;二是按飞行航程分类;三是按适用空域分类;四是按留空时间分类;五是按飞行高度分类。在空管实践中,可以根据空管的不同目的,采用相对应的分类方法。例如,在安排飞行高度时,可按飞行高度分类,在安排飞行空域时,可以考虑按适用空域进行分类;等等。基于我国空管实践的无人机分类方法见表 1-1。

表 1-1　基于我国空管实践的无人机分类方法

序号	无人机类别	飞行高度/m	速度限制 (n mile·h^{-1})	适用空域	适用飞行规则	空中交通服务	是否需要放行许可	机载设备要求
1	小型无人机	0~100	250	隔离空域		否	否	
2	中型无人机	100~7 000	250	隔离空域		否	否	
3	大型无人机	不限制	不限制	所有空域	飞行基本规则	提供	是	自动感知避让
4	超低空无人机	0~100	250	隔离空域		否	否	
5	中低空无人机	100~7 000	250	隔离空域		否	否	
6	高空无人机	7 000~15 000	不限制	所有空域	飞行基本规则	提供	是	自动感知避让
7	超高空无人机	不限制	不限制	所有空域	飞行基本规则	提供	是	自动感知避让
8	短航时无人机	0~15 000	不限制	隔离空域		否	否	
9	长航时无人机	不限制	不限制	所有空域	飞行基本规则	提供	是	自动感知避让
10	超近程无人机	0~100	250	隔离空域		否	否	
11	近程无人机	100~7 000	250	隔离空域		否	否	
12	中程无人机	7 000~15 000	不限制	所有空域	飞行基本规则	提供	是	自动感知避让
13	远程无人机	不限制	不限制	所有空域	飞行基本规则	提供	是	自动感知避让
14	注册航空器	不限制	不限制	所有空域	飞行基本规则	提供	是	自动感知避让
15	非标准航空器	100~7 000	250	隔离空域		否	否	
16	遥控模型机	0~100	250	隔离空域		否	否	

五、无人机发展趋势

无人机是一种由动力驱动、机上无人驾驶、可重复使用的航空器的简称。1917 年,英国人研制成功了世界上第一架无人机,从此无人机经过了无人靶机、预编程序控制无人侦察机,指令遥控无人侦察机和复合控制多用途无人机的发展过程,但直到 20 世纪 80 年代,才得到日益广泛的应用,并在几次局部战争中发挥了重要作用。到 20 世纪 80 年代中后期,各国制造的无人机有近百种,其起飞质量从数千克到 100 kg 以上,航程从数千米到上千千米,飞行速度从大于 100 km/h 到超声速。

迄今为止,无人机已经历了五次局部战争的实战使用考验。在 20 世纪 60 年代的越南战争、70—80 年代的中东战争、90 年代的海湾战争和科索沃战争及 2001 年的阿富汗战争中,无人机卓有成效地执行了多种军事任务,如照相侦察、撒传单、信号情报搜集、布撒雷达干扰箔条、防空火力诱饵、防空阵地位置标识、直升机航路侦察,以及为武器系统提供目标定位、目标指示、目标动态监视和目标毁伤评估的实时情报。无人机以突出的战绩使各国高层军事首脑对其刮目相看,并对其作为军队战斗力倍增器的作用与地位及其潜在的军事价值取得了共识,从而为无人机的迅速发展提供了强大动力。20 世纪 90 年代冷战结束后各国军费削减、军队裁员,迫使军方努力寻求既能完成特殊任务,又花费较少的途径,这无疑为无人机的发展提供了机遇。

无人机未来的发展将在很多方面与有人机相似,但也会有不少创新,比如它的性能将向隐形、高空高速、高机动发展,但在材料、能源的利用上会有许多不同于有人机之处。

从目前的发展势头和无人机各项关键技术的解决程度来看,无人机将不再只是一种配属和点缀,而很可能极大程度地代替有人机,成为未来海战或海空战的主力,在侦察、空中格斗、电子战等各个领域大显身手。

21 世纪世界无人机发展趋势如下。

1. 无人机的作战任务进一步扩展

由于无人机技术已趋成熟,性能日臻完美,所以它承担的任务范围进一步扩大,任务级别由战术级扩大到战役、战略级;任务性质由支援性保障任务扩展到攻击性作战任务,并将作为新的杀伤平台出现在 21 世纪的战场上。侦察型无人机的任务已由战术侦察向战略侦察范围扩展。美军计划在 2026 年前退役全部的 U-2 高空侦察机和部分旧型号的 RQ-4 "全球鹰"无人机,取而代之的是 RQ-180 无人侦察机。在 21 世纪,无人侦察机将成为卫星侦察、有人机侦察的重要补充与增强手段。无论在战略还是在战术侦察范围,无人机都将成为应用非常广泛的低风险、高费效比的战场感知平台,成为指挥自动化系统(指挥 Command、控制 Control、通信 Communications、计算机 Computer、情报 Intelligence、监视 Surveillance、侦察 Reconnaissance)C^{4}ISR 的重要组成部分。杀伤型无人机的任务是由目前的电子干扰、反雷达攻击向执行多种精确打击和空战任务发展来的。无人侦察机技术的发展与成熟,为攻击型无人战斗机的诞生创造了条件。设计人员因无须考虑驾驶员的生理和心理极限,可设计出布局奇特、性能优异、高过载、大机动、高隐身性能的无人战斗机。在 21 世纪,无人作战空中飞行器(Unmanned Combat Aerial Vehicle,UCAV)将取代有人轰炸机、歼击机、武装直升机和巡航导弹的部分功能,成为空中精确打击武器的一种新手段。能够深入战区,先期进入高危战场环境执行攻击任务的无人攻击机在美国已开始研制。

2. 无人机向小型化、智能化、隐身方向发展

随着微电子、微机电技术、信息技术、智能技术和航空技术的飞跃发展,在 21 世纪无人侦察机将相当成熟,美国正在研制的微型无人机翼展不超过 16 cm,质量不超过 1 kg,可以在城市楼群中间甚至深入到建筑物内进行侦察,更有甚者,有人已经在研制只有马蜂大小的无人机。在 2005 年后,美军特种部队的单兵将装备采用纳米技术的袖珍掌上型无人机。可靠的高空长航时无人侦察机的飞行将司空见惯。立足无人侦察机的技术基础,无人攻击机技术将有所突破。以氢基等特种燃料的喷气发动机为动力,具有隐身特性、人工智能自主飞行控制、自动敌我识别、武器投放控制功能的美国"攻击星"长航时无人攻击机将在 2025 年之前投入使用。

3. 无人机的任务设备向全天候、高分辨率、远距离、宽收容、实时化、小型化
方向发展

由于雷达技术、光电技术和数字技术的飞速发展,21世纪无人机机载任务设备的性能
将有质的飞跃,探测距离大幅度增加、灵敏度更高、分辨率更细、质量更小、体积更加小型化。
在无人机上将广泛使用真正具有全天候侦察能力的合成孔径雷达。战略和战术无人机用多
模式合成孔径雷达的作用距离将分别超过目前的 200 km 和 10 km 量级;分辨率将优于目
前的量级。雷达的体积、质量、功耗将大幅度缩小。雷达的功能将由侦察、监视地面、水面目
标扩展到穿透树丛、地表,探测伪装目标、地下目标和地雷场。

4. 无人机的测控、传输系统向远距离、安全保密、通用化、数字化、网络化方
向发展

卫星中继的超视距测控传输系统在无人机上的运用在 21 世纪将更加成熟、普遍,无人
机的测控站将实现系列化、通用化。各种型号的无人机信息互通性将得到解决,从而实现利
用同一地面站来控制不同型号的无人机或用不同的地面终端来接收同一无人机数据的目
的。各军兵种使用的无人机获取的情报将融入 C^4ISR 网,实现资源共享。

5. 无人机向高生存率、低造价、低损耗方向发展

鉴于科索沃战争及阿富汗战争中暴露出现役战术无人机损耗率较高的问题,无人机将
在控制成本的同时提高生存率,以降低损耗率和使用费用,从而为扩大无人机的民用范围创
造条件。随着无人机成本的降低、安全性的提高,使用保险费随之下降,无人机的民用范围
将从目前的农业作业、气象探测、边境缉私等需求迅速扩大,市场前景看好。

无人机将在未来的信息战、精确打击作战、无人化作战和陆、海、空、天、电五维一体化战
场中大显身手。无人机的用途由执行侦察任务扩展到执行多种打击任务之后必将演变成为
一种高费效比、攻防兼备的全新概念武器,并将引起军队的作战思想、作战样式和组织编制
的一系列变革。例如西方的一些军事专家近期推出的所谓零伤亡战争理论就是以无人机为
代表的无人作战武器平台为基本核心策划的。一旦高空长航时无人侦察机、无人轰炸机、无
人战斗机等高级无人机投入战争,将会导致武器装备的第三次革命。

六、无人机飞行管理

无人机属于航空器范畴,其飞行管理与其他航空器基本类似。但由于无人机独特的飞
行操作与控制模式和无人机执行任务的广泛性,无人机的飞行管理也存在有别于其他航空
器飞行管理的特点,必须有针对性采取措施,科学管理,以保证无人机飞行任务的顺利实施,
减少对有人驾驶航空器飞行任务的干扰,更重要的是消除对有人驾驶航空器飞行安全和地
面人员财产安全的威胁。

无人机飞行管理分为静态管理和动态管理。

(1)静态管理。静态管理就是通过建立并利用规范飞行行为的法规章程,督促、检查并
控制飞行行为符合正常的飞行规律,保证飞行任务的顺利施行。无人机飞行的静态管理,就

是为无人机的飞行创建顺畅、有序、高效、安全的运行机制。无人机飞行静态管理具体内容包括划设所需空域,调整空域使用需求冲突,办理飞行空域使用的申请与批复,提供适合无人机安全飞行的空域,制定颁发无人机飞行必须遵守的各种法规章程,监督检查无人机飞行所涉及人员遵章守纪情况,组织考核颁发无人机飞行相关人员的工作执照,并通过定期或适时的考核、检查,保持无人机相关人员工作执照的有效性。适时总结无人机飞行的组织实施经验教训,制定存在问题的整改措施,促进无人机飞行组织实施工作始终处于规范有序、安全可控状态。

(2)动态控制。动态控制就是在飞行全过程中,利用航空法规,实时规范并控制飞行行为符合正常的飞行规律,减少或消除飞行冲突,保证飞行任务的顺利施行。无人机飞行的动态控制,就是在无人机飞行实施中,在基于现行航空法规的基础上,通过协调、动态调整等行为,为无人机飞行创造并保持良好的空中飞行环境,确保无人机飞行顺畅、有序、高效、安全。无人机飞行动态控制的具体内容包括:审查批准无人机飞行计划申请,根据空域飞行动态、飞行特点和飞行性质,适时实施飞行调配,监督飞行计划的执行情况,按照规定指挥飞行活动,提供有关飞行资料和情报,协助相关部门处理飞行中遇到的各种突发情况,引导无人机在规范的范畴内遂行飞行任务。

第二章 无人机飞行的空管需求

一、无人机飞行方法、特点

(一)无人机的飞行方法

与研究有人驾驶飞机的飞行方法不同,无人机飞行方法的研究对于空管而言,主要在无人机放飞、无人机飞行控制、无人机回收三个阶段。

1.无人机放飞

根据无人机类型和任务的不同,无人机放飞主要有以下方式:

(1)地面滑行起飞。大中型无人机普遍采用地面自主起飞的方式,因为大中型无人机起飞质量较大,无法使用弹射起飞,所以这种无人机都设计有起落架,遥控或者由飞控计算机控制起飞。

(2)车载弹射。轻型无人机主要使用这种弹射方式,其优点是使用方便,对使用地域无特殊要求。车载弹射按弹射动力源分为液压弹射、气动弹射、橡皮筋弹射三种类。

(3)母机投放。这种无人机由母机载带升空,到投放区后脱离挂架,空中启动发动机或助推火箭后,开始执行任务。这种投放方式的优点是可以减少无人机由机场到投放区的飞行过程中发生故障的可能,增大续航和作战半径,提高可靠性。但弊端也很明显,需要母机投放极其复杂的保障系统,而且母机起飞也需要比较大的机场。

(4)手抛发射。对于质量较轻的无人机,直接由地面人员抛掷即可放飞。目前部分野战部队特种大队装备的轻型无人侦察机,就使用这种发射方式起飞。该类飞机单兵就可携带,机动性很好,操作简单,对场地要求不高,飞行随机性强。且制作成本不高,应用范围广泛,有较大的飞行量。

2.无人机飞行控制

无人机飞行中控制技术及特点决定着无人机的使用领域、使用方法和使用环境。

(1)无人机飞行控制特点。无人机与有人机驾驶飞机相比,有人机时刻强调人的作用,飞行控制系统的作用是保证如何发挥人的主观能动性,其控制是有权限的,因此其作用范畴是保证驾驶人员方便、灵活、有效地操纵飞机。现代无人机的整个飞行过程都要靠飞行控制系统来进行有效管理与控制,飞行控制系统的作用范畴覆盖了有人机飞行控制系统的所有功能,在无人机的整个工作过程,其执行控制系统都参与无人机的控制,因此其作用范畴远远大于有人机控制系统。

有人机飞行控制系统主要完成飞机内回路的增稳与控制,强调操稳性和舒适性,部分飞行控制系统能够与导航系统耦合,完成航迹控制。无人机飞行控制系统完成导航、制导、飞行任务管理、任务载荷管理与控制功能,远远超出了飞行控制功能。无人机飞行控制系统强调系统稳定性、控制与导航精度等性能指标和任务管理能力,特别是自主导航能力,因此经常被称为综合控制系统。

无人机与有人机相比,不考虑人的生理限制,可以放宽由人生理限制而产生的对飞行状态的控制要求,同时可靠性级别一般低于有人机,余度配置低,大多采用非余度配置方案,美国"全球鹰"无人机被称为功能和性能最完善的无人机系统,也仅采用双余度配置。

(2)无人机飞行控制方法。无人机飞行控制方法主要包括遥控控制、自主控制、人工干预控制。

目前无人机的飞行控制技术主要包括预编程序控制技术、指令遥测遥控技术和复合控制技术三大类。其中复合控制技术是将前两种技术融合在一起的控制技术,并随着信息技术的发展,逐渐发展为更加先进的智能自动控制技术。

1)遥控控制。指令遥测遥控技术是通过地面控制站发射的控制指令来控制无人机的任务飞行航迹的,执行任务的时间节点和时间长度均在地面控制人员的控制下。遥控控制是无人机最基本的控制方式。无人机控制方式互动性好,地面站控制人员可随时掌握无人机的飞行状态和执行任务情况,并可随时干预其任务进程。尽管目前无人机的自主飞行程度已明显提高,但遥控控制功能还基本保留。遥控控制主要应用于两种场合:一是对于一些小型的无人机,通过有经验的操纵手的遥控飞行,了解无人机的动态特性,为控制参数的确定提供依据。这种遥控飞行一般要进行多次。二是对于一些具有自主飞行能力的无人机的降级控制。无人机在实际飞行中可能出现超出设定的自动控制能力的情况,或者控制赖以存在的传感器出现故障,此时,可通过地面操作手的遥控控制提供安全保障。也有一些小型无人机对于自动控制难度较大的阶段采用遥控控制,而其他阶段采用自动控制,如起飞、降落用遥控,巡航飞行用自控。

应用该技术的无人机系统要建设遥测遥控地面站,培训专业测控操作员,成本相对较高。无人机需要加载相应的指令接收机和发射机,需要借助电磁频谱工作,易遭电子干扰,复杂电磁环境适应能力受采用的电磁信号处理技术及频段影响大。受地球曲率影响,其遥控距离受无人机飞行高度、地形影响大,无接力条件下,地面站直接遥控距离通常不大于200 km,如考虑电磁环境适应能力,则通常遥控距离不大于100 km。遥控控制的最大特点在于能够充分发挥操纵手的高级人类智能行为的能动性和经验优势,达到自动控制难以达到的控制效果。无人机由于链路带来的不可延迟,以及缺乏有人机座舱的切身感受,控制的效果也大打折扣。另外,遥控控制对于操纵手有很高要求,易受其技术、技能、情绪和心理素质等影响。因而在一些大型无人机上,往往通过系统的余度配置以及控制规律、控制策略、控制软件的精心设计和充分试验验证提高其安全性,而逐渐淡化遥控控制的作用。

2)自主控制。自主控制是目前先进无人机采用的主要控制方式。它是将无人机执行任务的飞行航迹高度、速度、航向、距离、折返点按时间节点、时间长度预先输入无人机,利用飞行控制系统来控制无人机飞行的技术。无人机在完成地面准备工作并收到起飞指令后,自主进行地面滑跑和纠偏控制,自主进行离地判断和阶段转换,自主收起落架并按照预定最佳爬升规律进行爬升,同时自动切入预定航线,到达预定的巡航高度后,自主转入定高飞行,并实施最佳巡航控制。当无人机到达预定的任务区域时,自动开启相应的任务设备,完成任务后自动按照给定的返航路线返回预定机场,自动放起落架,自动进入下滑航线,自动拉平、着陆和停车,最后自动关机。在整个过程中,能够自动对重要机载设备的状态进行监测和管理,一旦出现发动机空中停车、遥控链路持续中断以及电源故障等问题,自动进行相应处理。在自主控制方式下,飞行中不依赖外部信息支援,无人机既不向外辐射电磁波,也不接收电磁波;既不需要建设专门的地面控制站,也不用在无人机上安装接收地面指令的接收机,适应复杂电磁环境能力强。地面操作人员主要进行高级的监控工作,工作负担大大减小。自主控制通常都是基于惯性导航系统导航,随着航程增大航迹误差也逐渐增大,而且一旦放飞便不受放飞者控制,无法对飞行中的无人机进行干预。采用单一预编程序控制技术的无人机军事上通常用于前线纵深战场侦察,也用于一次性使用即不再回收的无人机系统。目前的自主控制水平普遍不高,关键是缺乏对于不确定事件的感知、判断与处理能力。

3)人工干预自动控制。人工干预自动控制介于遥控控制和自主控制之间,无人机的飞行主要还是通过飞行控制系统自动控制来实现,但是控制模态的转换需要人工干预实现,或者可以人工调整控制目标。实际上是一种决策信息不够全面或者决策不够确定,继而通过人的感知进行补充的控制方式。如在大范围搜索目标时,无人机一般以盘旋飞行的方式在特定区域的上空游弋,何时进入盘旋、何时退出盘旋要地面控制人员根据侦察图像的具体情况确定,无人机很难自主确定,这时通过人工干预下的自动控制,可以达到好的控制效果。另外在起飞着陆阶段根据具体飞行情况对于控制目标的调整可以起到削弱不确定因素的不利影响的作用,如导航系统误差引起的一定范围内的偏离跑道等。

人工干预自动控制既有自动控制能力,又有人可以参与控制的特点,既可以综合发挥自动控制系统施行精确控制的优点,又可以发挥人类在目标图像判读、不确定信息处理以及能动地处理特殊情况、经验优势等方面的优点,是无人机在侦察任务段、起飞降落段等对外界敏感又缺乏自主感知能力情况下的很实用的控制方式。这种控制方式中,操作人员只需监控无人机的飞行状态,并适时做出是否需要改变控制模式或调整控制目标的决策,一旦需要,只需简单地发出指令,无人机的控制与稳定还是由飞行自动控制系统完成的,其工作负荷远小于遥控控制,而链路延迟带来的影响也要小得多。

3.无人机回收

(1)自主降落。在飞控系统加入返航、降落的程序后,可以使无人机自动回到预定位置的机场并完成降落,或者无人机自主飞行到机场遥控范围内之后由机场控制人员遥控降落。这种方式在设计飞控系统时比较烦琐,但使用时比较方便。由于电子技术、测控技术及定位技术的发展,目前大型无人机都采用这种回收方式。

(2)伞降回收。这种回收方式比较简单易行,无须在飞控程序中加入复杂的返航、着陆的内容,降落后无人机也不容易较大的损坏。小型无人机采取这种回收方式较多。

（3）撞网回收。无人机通过撞向拦阻网来回收，是一种理想的非伞降方式，特别适合于窄小的回收场地或舰船上使用，可以认为它是一种零距离回收方式。其主要应用于小型无人机，优点是对场地要求不高，可靠性好。该系统的重点在于如何去导引无人机准确地飞向拦阻网，触网后如何柔和地吸收能量，从而平稳、准确地实现撞网回收。

（4）一次性飞行。一次性飞行指无人机完成任务后不需要回收，一般是执行自毁程序。这种方式对造价低、任务简单的无人机比较适用。

国际上固定翼无人机最常用的回收方式是伞降回收和起落架着陆滑跑回收方式。伞降回收由于受环境及气象条件的影响，落点偏差较大；起落架着陆滑跑回收则需要一定长度的平整地面或跑道。这两种回收方式均需要较大的回收场地，因此，一般只能在较空旷的陆地上实现。

除上述几类常见的无人机回收方式外，还有一些其他特殊用途的回收方式。采用直升机在空中拦截捕获悬吊在降落伞上的无人机，这种回收方式不会损伤无人机，但是回收费用高，对驾驶员的驾驶技术要求高，且受天气与风影响大，加上伞的性能无法事先准确估计，对回收的可靠性影响较大。非整机回收，这种情况通常只是回收无人机的任务设备舱，其他部分不回收。

（二）无人机飞行的特点

1. 无人机自身安全性

无人机成功完成起飞、空中飞行、执行任务和降落等基本动作，需要操纵人员、无人机以及无人机上的各种设备高度协调一致，相互配合。从这个层面上来说，其技术复杂程度要高过有人驾驶飞机，容易出现可靠性问题。在技术上，因为没有飞行员，机载系统复杂，给无人机的飞行带来不便。当飞行中出现故障时，无人机本身不能排除和做出瞬间调整，通常要带着故障返回基地，易发生摔机事故。此外，飞机与操纵人员之间的交互作用、协调和变化的程序要比有人驾驶飞机复杂得多。一方面要求机载设备的智能化程度高，要有安全可靠的数据链，另一方面对操纵人员的素质要求也很高，操纵人员不仅要监控飞机的飞行状态，适时改变航向，更重要的是，必须在关键时刻从控制中心发送动作指令，使无人机能够实时快速地反应。

无人机自身的安全性受设计、制造、机载设备性能以及对恶劣环境的适应能力等因素制约，与无人机的制造成本直接相关。由于对无人机没有相关的适航标准，某些无人机的制造技术门槛也不是很高，制造企业的质量标准体系、监督体系都没有完全建立和完善。特别是考虑到市场需求，制造成本也要相应控制，因此无人机与有人机相比从制造自身产品质量以及应用中的维护都低于有人机。改进无人机的可靠性，要从无人机的飞行控制系统、推进系统以及操控员的训练改进等方面着手。通过对飞行控制系统采用冗余设计，可以大大提高无人机的可靠性，但将显著降低无人机相对有人驾驶飞机的费用优势。具有双余度飞行控制系统和通信系统，这样的冗余措施在增加了可靠性的同时，也增加了飞机的成本与自重。当无人机变得过于昂贵后，人们对它的使用必定又将产生诸多顾虑，影响其使用。

美国国防部组织的对无人机系统的可靠性测试结果表明，目前无人机的事故率比有人驾驶飞机高出许多。例如,目前美国无人机系统中比较好的"捕食者"无人机仍比有人驾驶飞机的稳定性差,这是无人机制造商们也不得不承认的事实。因此,提高无人机的可靠性依然是今后一段时间内无人机研发中需要重点关注的问题之一。美国的研究表明,无人机飞行安全事故 37% 源于发动机及其控制模块故障,无人机的导航、飞控系统和软件可靠性是影响其安全性的第二大因素。美国 2007—2032 年的无人机路线图中对灾难性事故率进行了分析,无人机飞行的灾难性事故率比有人军用飞机高出 1～2 个数量级。

大多数无人机采用指令和自动程序等多种控制功能,技术比较先进,但是需预先将起点、转弯点、航路和目标编好程序,存入机载计算机中,因此对编制程序要求比较高。如编程不好或受到干扰,传感器失灵,无人机将因失去控制而丧失作战能力。在历次局部战争中,所损失的无人机有 40% 以上是由于软件方面的原因引起的。此外,现役无人机的信息处理系统不够完善,尚未实现信息系统化,无人机之间还不具备协同搜集、处理、传递信息的能力。

无人机可靠性问题除了影响无人机的军事用途外,还会影响它在民用空域内飞行。只有无人机的可靠性得到了大家的认可,人们才会放宽它在民用空域飞行的限制,而且无人机的可靠性问题对于无人机飞越其他国家领空和具有着陆权也至关重要。

2.飞行环境对无人机安全的影响

(1)地形对无人机飞行安全的影响。无人机在复杂地形飞行,受无线电遥控指令或自动程序控制,易受地形地势的影响,特别是高山、峡谷等复杂地形对飞行和操控的影响较大。起伏山峦引起的涡流和急速下降的气流,易使无人机失去控制。因此无人机在飞越山地时,一般采取较高的飞行航线,以便遇有下降气流时有更多的修正空间,这也限制了无人机在复杂地形区域的使用。无人机在山区及山谷地带实施侦察时,受地形阻隔影响,一般需要一架通信中继无人机对其进行引导控制,并将其获取的图像传输到地面站。

(2)天气对无人机的影响。由于长距离飞行,无人机对周围环境的感知和改变飞行状态的能力不如有人驾驶飞机,积冰、雷暴、颠簸等恶劣天气对无人机的安全影响较大。现役无人机在夜间、大雪、大雾、沙尘暴及大风气象条件下大多无法正常执行任务。在暴风雪天气,操控人员发出的遥控信号和无人机发出的状态信号衰减很快,无人机的操纵性能大大降低。在容易积冰的气象条件下,如果空速管结冰,机载计算机就会发出错误的信息,影响飞行。受恶劣天气的影响,无人机的出勤率要低于有人驾驶的飞机。在 78 天的科索沃战争中,北约出动无人机的天数只有 23 天,"猎人"无人机在 78 次任务飞行中,多次受天气影响提前返航、延期、取消和受损。阿富汗战争中,美军受损的 4 架"捕食者"无人侦察机,有 2 架是气象原因造成的,其中的一架降落时遇到强风,飞机失控而坠毁。伊拉克战争中,伊境内的沙尘暴也使美英联军的无人机无法正常起降和执行作战任务。

(3)电磁干扰的影响。无人机飞行对电磁环境要求很高,电子干扰对无人的飞行有较大影响。特别是无人机遇到攻击性干扰后,往往成为"无头苍蝇",易发生失控、自毁现象,丧失执行任务的能力。1995 年秋,在美军举行的一次联合军事演习中,一架"猎人"无人机在降落时因受到另一架停留在地面上的无人机的无线电干扰,应急降落伞未能打开而坠毁。海湾战争中,因受到电磁干扰,无人机数据传输出现问题,11 架"先锋"无人机失踪。科索沃战争中,美海军一架"先锋"无人机因失去与母舰的无线电联系,沿预编程的航路返舰途中坠毁。

3.无人机的空管保障特点

根据全国无人机机型和飞行情况分析,对无人机实施航空管制时应当依据用途、间隔标准、管制能力、通信导航监视设施的性能等因素,确定其飞行范围、时限、使用要求、管制方法等。但目前我国管制部门仅参照有人机飞行程序、标准,要求无人机使用或研制单位向当地航管部门提出申请,按程序申报飞行计划,由于没有统一的管制标准和方法,无法兼顾大小、成本各异的军民用无人机。由于在法规、通信、可靠性和"感知-避让"功能方面,无人机尚未达到与有人机同样的安全水平,因此,还无法像有人机那样共享空域。在无人机的性能和操纵不能满足基本空中交通管制的要求时,通过增大间隔和避让来保障无人机飞行。

(1)无人机的空域飞行。无人机的空域需求是我国空域管理(Airspace Management,ASM)的重要组成部分,我国在无人机空域需求、管理和规范方面的研究基本处于起步状态。

无人机飞行空域正由超低空、低空向中高空甚至临近空间方向扩展,目前飞行高度覆盖 $50\sim30\,000$ m,涵盖了所有军民航飞行空域。无人机执行任务军事上正由侦察监视、靶机、通信中继、电子对抗向对地攻击乃至空战方向扩展,活动半径由 5 km 扩展到 2 000 km 甚至更远。无人机在民用领域也得到了越来越多的应用,如包括从事工业、农业、林业、渔业、矿业的抢险救灾、气象探测、海洋监测、科学实验、遥感测绘、教育训练、文化体育等领域的飞行活动。绝大多数无人机飞行高度集中在 3 000 m 以下,部分无人机甚至在 100 m 以下。多数无人机速度在 200 km/ h 左右,甚至更低。

无人机飞行从尺寸、质量、航程、航时、性能、适航能力以及任务等方面与有人机都有较大的差距。从我国现有无人机机型来看,无人机分低空飞行小型无人机和短距无人机(低的几米、高的上百米、航程在几千米的范围)、中空飞行中距战术无人机(飞行活动半径 $30\sim500$ km,飞行高度 $200\sim5\,000$ m)、高空飞行长航时无人机(航程数千上万千米,甚至更远,飞行高度在普通航线以上,为 20 000 m 左右)。无人机受飞行、投放、释放等技术水平,航空管制监视能力,机场、投放、释放情况和环境等因素的影响,在法规、通信、机载设备、可靠性和无人机"感知-避让"功能方面,尚未达到与有人机同样的安全水平,因此,无人机还无法像有人机一样,与其他航空器共享空域。

高空长航时无人机,这类飞机的飞行高度在 $5\,000\sim20\,000$ m 之间,航程 1 000 km 以上,这类无人机系统一般是在视距以外飞行。中距离无人机,性能不一,飞行活动半径 $30\sim500$ km,飞行高度 $200\sim5\,000$ m。这类无人机可在指定的限制条件下进行常规飞行,空域内允许航空器飞行的高度 6 000 m 以下(含)至其下某指定高度的空间。小型无人机、短距离无人机、几厘米的微型飞机,属于"遥控模型机"飞行活动半径 10 km,活动高度在几十米和上千米不等,对飞行场地要求不高,飞行随机性强。这类无人机与操作员之间的距离在500 m 以内,称为"视距内",超过 500 m 为"视距外"。

目前我国无人机得到了前所未有的发展,无论出于飞行训练、参与国土防御的目的,还是民用飞行的经济利益,无人机在从种类、性能上所需飞行的空域与军航训练飞行空域、民航空域有着相同之处,但是无人机的可靠性和"感知-避让"功能方面,目前还没有达到与有人机同样的安全水平,特别是小型遥控无人机的安全系数可能更小。

由于无人驾驶,与有人机相比,无人机可以长时间占用空域飞行,目前无人机最长可达留空几十小时。

(2)无人机的飞行监控。大部分无人机的雷达散射截面积较小,有的甚至在 0.1 m² 左右,给地面预警雷达探测带来较大难度,甚至探测不到或发现距离很近。目前国内几乎所有的无人机导航、空管等设备配备及能力都不能满足空管的要求。许多小型和微型的无人机,由于体积和成本等方面的原因,无法安装空管应答等设备,很难将无人机飞行纳入到现有的空管体系中。

现有的无人机和无人机地面测控设备,未与地面航管设备实现信息交联和互通,地面航管设备也缺乏无人机的原始信息,因此,地面航管设备不具备对无人机进行管制的能力,更做不到与对有人机一样实施飞行过程监控或监视。

低空、超低空无人机飞行逐渐趋于多元化,涉及军内外各类无人机单位和一些持有轻型和小型化无人机,甚至只有几厘米的微型无人机用户,他们一般缺乏空中管制的法规知识,未经当地管制部门同意,任意在临时性机场(起降点)和空旷地带进行无人机起飞、释放和收回,飞行随意性大,管制部门难以准确掌握其飞行动态,容易出现"失控"现象。

(3)无人机的空管指令执行。无人机飞行过程中无执行任务机长,为了保证飞行安全,由无人机操控人员承担规定的机长权利和责任。空管人员对无人机的指令是通过无人机操控员来实现的。要提供无人机空中交通服务(Air Traffic Service,ATS),无人机操控员(Unmamned Aerial Vehide Operator,UAVO)要与空中交通管制员(Air Traffic Controller,ATC)保持双向通信,这种通信方式、通信距离、管制用语都不完全同于有人机的管制指令。无人机的操控员和 ATC 应当熟悉其所指挥的每一个无人机的性能特征,而目前的管制员则在其培训过程中没有相关的学习和实践。操控员接收 ATC 指令后,再去指令无人机,无人机执行则有一定响应延迟。

二、无人机飞行对空域使用的需求

(一)无人机进入空域的基本要求

为了使无人机在国内国际空域内实现常规飞行,需要满足三个基本要求:必须满足一定的适航性;必须由有资质的飞行员/操作员操作;必须符合空中规则(包括军用和民用)。这三个要求至关重要并构成了无人机系统集成的基础。

1. 适航性

适航性是对进入空域飞行的飞机的基本要求,通过适航认证确保飞机系统的设计、制造以及维护能够保证飞行安全。一致的认证规则、标准和方法建立了一套最低设计和性能要求,确保指定类别和级别的飞行器的安全飞行。目前,我们应增加无人机特有的部件和系统属性的标准,可以借鉴国外无人机系统的相关标准。

2.飞行员/操作员资质

由于对无人机的操作不同于有人机的驾驶,比如,无人机的起飞、巡航以及目视遥控降落、辅助目视降落或完全自主降落,无人机系统飞行员/操作员的技能培训与有人机截然不同。因此,各级培训部门必须将相应的最低培训标准用于对应培训项目的培训,确保操作员获得必须的知识、技能和能力。

3.法规标准

要实现无人机像有人驾驶航空器一样在公共空域内飞行,必须建立适用于无人机飞行的航空管制法规和程序,使无人机的飞行活动不危及空域中其他飞行器的安全,并且为无人机提供的空中交通管制服务(Air Traffic Control Service,ATCS)对管制员来说是明确和可行的。

(二)无人机空域使用特点

1.占用空域范围大

无人机飞行空域正由超低空、低空向中高空甚至临近空间方向扩展,目前飞行高度覆盖50~30 000 m,涵盖了所有军民航飞行空域。由于无人机具有远程执行任务的特点,特别是军用无人机可用于侦察、突击、干扰敌纵深目标,因此,在训练飞行时,经常有跨越机场区域、飞行管制分区或飞行管制区的长航线机动转场飞行。如空军某部无人侦察机执行任务时,申请航线航程达1 500多千米。

未来主要方向作战,战场正面宽度约为1 400 km,纵深约为900 km,战场空域大致与此相当。无人机作为未来战争的"杀手锏",必然在空中作战中发挥重要作用。作战的大宽度、大纵深使无人机活动半径不断增大,并可能根据作战任务需要执行远程作战任务。

2.占用高度层多

随着科学技术的发展和军事斗争的需要,无人机的飞行不断向水平和垂直空间拓展,无人机飞行训练对垂直空间的要求也越来越高。

我国无人机的发展与美国相比存在一定的差距,但差距没有有人机那么大。目前,我国无人机飞行从低空几米高度到高空20 000 m飞行高度,在垂直空间内占用空域的范围可与有人飞机相提并论(甚至超过有人飞机)。我军目前正在研制20 000 m以上飞行高度的大型多功能长航时无人机,无人战斗机的研制也在进行当中,这两种无人机在空域飞行中可以占用所有高度层。

在2025年前,美军准备研制具有超高度飞行能力(飞行高度25 000 m以上)、高机动能力(法向过载大于15 g)、超低空突防能力(低于50 m)、高速飞行性能($M>5$)的无人作战飞机,其垂直机动性可见一斑。

3.占用时间长

无人机训练情况多变,可根据任务需要进行昼夜实施。无人机可满足各种气象条件下飞行训练的要求,因此,无人机训练具有全时性,对空域的使用时间覆盖范围广。

4.空域使用灵活性强

由于无人机的发射与回收形式多种多样,就发射而言有空中发射和地面发射,地面发射又有发射架的零长发射、跑道起飞发射等,回收可进行伞降回收、撞网回收、跑道着陆等。这样的特点为无人机的使用创造了机动灵活的条件,即在很多情况下摆脱了机场和跑道的限制,使得无人机训练突显了方便和机动灵活的特点。同时,无人机的作战特点隐蔽突然,便于对敌发动突然袭击。因此,对空域的使用极其灵活,随时随地发射和回收,使用空域。

5.任务特殊,空域保障要求高

我国军用、民用无人机的发展相对世界发达国家还有一定的差距,有很多无人机的飞行还处于试飞和定型阶段,对无人机试飞一直是按照特殊任务或重要任务对待。军用无人机的训练飞行由于认识不足缺乏保障规范和措施,一般也是按照特殊任务飞行进行保障。因此,对空域的使用要求很高,通常采用在隔离区域飞行,因此对空域保障的要求高于有人飞机。

(三)无人机各种飞行的空域需求

1.固定空域

无人机固定空域一般位于无人机用户所在的军航管制分区内,空域选择在无人机机场、固定发射场地附近,尽量避开民航航路航线、军航有人机训练空域,如果与军航有人机训练空域交叉重叠,必须按照无人机空域最高高度,调整与有人机飞行的垂直间隔(此间隔应该大于现行规定的高度间隔),并确定进出空域的方法、高度和水平范围。无人机在固定空域飞行应与有人机一样具备同样的"感知-避让"功能。固定空域的形状应选择圆形或方形。空域的大小、数量由无人机用户根据无人机性能、科目(任务)要求而定,一般为长 180 km、宽 100 km,空域划定是长期的,没有时间限制。

此类空域适用于中程无人机、长航时无人机的训练飞行。

2.临时空域

根据无人机任务的需要、飞行活动的性质,在固定空域以外特定区域为无人机所划设的临时性投放、发射、飞行的区域范围。临时空域应根据无人机用户的需求而定,并考虑尽量避开民航航路航线、军航有人机训练空域,如果与军航有人机训练空域交叉重叠,必须按照无人机空域最高高度,调整与有人机飞行的垂直间隔(此间隔应该大于现行规定的高度间隔),明确无人机进出空域的方法、高度和使用时间。空域的大小由无人机用户根据无人机性能、科目(任务)要求而定,一般水平范围为无人机平飞速度的 2～3 min。临时空域按照所批复的时间,使用完毕后,自行撤销。

此类空域适用于短程无人机、中程无人机、长航时无人机的训练飞行。

3.共用空域

目前我国无人机从机载设备、航行能力还不具备与有人机共享一个空域的可能。如果无人机的机载设备、航行能力、操作员的操作能力和防撞系统符合国家适航标准,可以与有人机共享空域飞行。未来,在有人机空域中执行任务的无人机,都必须适应我国空中交通管理(Air Traffic Management,ATM)系统的要求,满足无人机与有人机共享一个空域飞行的必要条件,不能由于无人机的进入而给原来的有人机用户(包括航空器和管制员)带来影响和不安全因素。共用空域范围由无人机用户与当地军航管部门或所涉及的有人机用户协商确定,但要明确无人机进出空域的方法、无人机使用高度范围。

此类空域适用于长航时无人机的训练飞行。

4. 航行(航线)

无人机航行科目训练的目的是使操作员掌握、巩固和提高对无人机遥控领航指挥的能力,使无人机沿着预定航线飞行。

无人机航行航线一般是根据飞行任务、训练科目,在考虑地形特点、操作员的技术水平和其他方面要求的基础上,通常可选择为三角航线或长距离直线往返航线。

选择无人机航行航线也应考虑飞行任务、飞行航线、威胁程度、训练空域、航路等航管因素的限制,尽量减少无人机穿越航路、飞越民用机场等飞行密集区。

无人机在航行前将航线飞行的起点、转弯点、降落点和航线各段的距离、航向、所需飞行时间等数据和航线安全高度等飞行计划向当地军航管制部门提出申请,航空管制部门对所有的飞行计划(包括无人机飞行和有人机飞行)进行飞行冲突查找和飞行预先调配,确保区域内所有的飞行计划没有潜在的飞行冲突。

此类空域适用于中程无人机、长航时无人机的训练飞行。

5. 侦查航线

无人机侦察训练的目的在于使无人机操纵人员掌握搜索、发现和识别目标的方法,熟练地使用机上侦察设备对各种目标实施空中侦察的技术。

无人机侦察训练选定的主要侦察目标有各种阵地、军队集结地域、机场、海港、渡口、发电站、车站、桥梁、城镇、居民点和运动中的军队、车辆、船(舰)以及铁路、公路、河流、海岸线以及各种成线状配置的阵地等。

无人机侦察训练航线、进入侦察目标的方向、出航方法和侦察高度等等的选择,都应符合隐蔽、突然的要求,为提高训练质量,避免对同一目标以同样的方法实施侦察。侦察训练时,航线多、区域广、高度不固定,根据需要适时改变高度。在目标区活动的方式常采用直线下滑、下滑转弯、蛇行飞行或在目标上空盘旋等。

因此,划设此类空域要考虑空域的范围和高度,尽量满足侦察飞行在目标区上空活动方法及对飞行高度的要求,并要调配好与其他飞机的飞行冲突。

此类空域适用于中程无人机、长航时无人机的训练飞行。

6. 投放空域

无人机由母机运载,在指定空域实施空中发射的空域。无人机投放空域应避开城市和居民密集地区,选择在沙漠和空旷地带上空或附近。空域为长方形、圆形或椭圆形,长度一般为母机投放无人机后至无人机发动机开启工作的最大距离,宽度一般为转弯半径的3倍,空域使用高度一般为地平面至20 000 m,空域的性质多为临时划设的空域。

此类空域适用于无人机母机发射的训练和任务飞行。

7.编队空域

通常应选择在便于观测或遥控的区域,尽量避开山区和航路,距离起降点 20～30 km。如有可能,应选择面状目标作中心,线状目标作边界,以易于保持空中位置。

空域为长方形,长度一般为空域飞行科目在最大飞行速度时 2～5 min 的平飞距离,宽度一般为在最大飞行速度,坡度为 15°～30°时转弯半径的 3 倍。

此类空域适用于中程无人机、长航时无人机的训练飞行。

8.攻击空域

攻击空域是指攻击无人机借助机上攻击武器,对目标进行打击(类似于战斗轰炸机)。攻击空域应选在道路、人烟稀少的地区上空,以免误伤居民。射击方向应避开航路、固定航线、地方航线、空中走廊、相邻飞行空域、居民点和其他重要目标。

空域为长方形空间,一般应使攻击无人机有 4～6 次占位射击的机会,长度约为 30～50 km,宽度约为 10～15 km。

此类空域适用于中程无人机、长航时无人机的训练飞行。

9.轰炸靶场空域

空域应避开城市、军事要地、厂矿、港口和乡镇居民点。轰炸位置应避开航路、固定航线、地方航线、相邻飞行空域、居民点和其他重要目标。

空域为长方形空间,中心设有靶标。通常根据无人机轰炸训练进入方向,应确定无人机轰炸的进入点和退出点。空域以靶心起算,即长度约为 30～50 km,宽度约为 10～15 km。

此类空域只限于无人轰炸机。

10.低空、超低空飞行空域

通常选择在居民点较少的平坦地区或空旷地带上空。空域为长方形、圆形和椭圆形,长度一般约为 25～30 km,宽度约为 10～15 km。

此类空域适用于近程和短程、中程无人机。

11.海上飞行空域

空域通常选在靠近海岸,以海岸为基地,远离海岸旅游地。空域的范围可以按照无人机的性能、任务需求而定。

此类空域适用于短程无人机、中程无人机、长航时无人机的训练飞行。

三、无人机飞行对空管保障的需求

(一)无人机数量剧增,迫切需要做好飞行管制保障工作

2021 年全球民用无人机市场规模已经超过 1 600 亿元,预计 2025 年将达到 5 000 亿元。到目前为止,全球无人机市场规模年均复合增长率已达 19.4%,无人机销量增长最快的将是小型无人机、战术无人机、高空无人机以及作战无人机等,民用无人机的销量也将有一定增长。据有关专家分析,到 2030 年,无人机的全球飞行量将达到全球飞行时间的 60%以上。可以断言,未来 20～50 年无人机在我国将迅猛发展。目前,我陆、海、空三军和武装

警察部队都已装备无人机,无人机的日常训练对空域的使用需求越来越高,由于无人机本身的飞行特点和对飞行空域使用的特殊要求,使空管工作的难度加大。因此,迫切需要对无人机的管控进行研究并制定相应规范。

我国民用领域无人机飞行活动量也逐年增加,对航空安全造成严重威胁,迫切要求对无人机的飞行加强管控。基于无人机的诸多优点,无人机的功能正在逐渐从军事领域向民用领域转移,我国使用无人机进行人工降雨、航测、航拍、喷洒农药、地球物理探矿、危险天气监测、灾情监测、海岸缉私等飞行活动量也与日俱增。由于无人机的发射与回收多样,有些无人机可随时随地发射,机动灵活,造成无人机飞行与有人驾驶飞机飞行争空域使用,加至无人机组织飞行人员法规意识淡薄,有些无人机用户不办理任何飞行审批手续,随意乱飞,对航空安全造成严重威胁,因此必须依法加强管控。

(二)无人机与有人驾驶航空器的区别,要求管理也须区别对待

无人机设计特殊、任务多样,在设计特点、性能参数上与普通飞机的差别很大,同时由于无人机目前还不具有同有人机一样的自主"感知-避让"能力,因此,在空管工作中必须与有人机区别对待,制定适用于无人机飞行的规则和规范。

由于无人机多变的飞行轨迹,使其飞行剖面的变化也呈现多样性,这必然对其他航空器的飞行和安全产生很大影响,同时也要求对无人机的空管必须实时、准确。

无人机飞行任务多样、战术运用灵活,飞行监控和管理具有全时域、全高度层。无人机在航时设计上,可以长达几十小时、几百小时,甚至上千小时;飞行高度的设计可以从低空、中空甚至到 30 000 m 以上的高度飞行。因此,其飞行监控和管理必须是全时域、全高度层,这无疑增加了对无人机空管的难度。

(三)我国无人机管理混乱,必须加速无人机管控的立法工作

无人机的发展趋势说明,无人机无论从数量、质量和任务需求等方面,飞入非隔离空域已成为必然,对隔离空域划设的合理性也提出了更高的要求。但是,与无人机的发展不相适应的是无人机的空管保障。我国目前尚无无人机飞行相关的空管政策、法律和规范,势必导致以下情况:一是无人机飞行空域的选择无章可循,空域范围偏大,造成空域资源浪费;二是没有法的约束,未经批准随意乱飞("黑"飞),形成安全隐患;三是除特殊任务,转场飞行一律不批。

美国已经发生了一些低空无人机与直升机的相撞事故,而在高空,无人机也发生了与 C-130 飞机相撞的事故。在美国这样空管水平很高的航空大国,已经发生了这样严重的飞行事故,出现这种情况主要原因就是无人机飞行的管控法规的建立跟不上无人机数量增多的步伐。这不得不引起我们对无人机管控工作的重视。

近几年来,航空业发达国家对无人机设计和飞行管理技术水平不断提高,相关的法规建设不断完善。2004 年,德国率先开拓了无人机在欧洲繁忙空域飞行的途径,2007 年,欧洲航空安全导航局(EUROCONTROL)出版了全球首份军用无人机在民用空域使用的标准。欧洲航空安全导航局的无人机使用空中交通工作组在名为《军用无人机在隔离空域外作为空中交通使用规范》(EUROCONTROL Specifications for the Use of Military Unmanned

Aerial Vehicles as Operational Air Traffic Outside Segregated Airspace)报告中公布了军用无人机在民用空域获准使用必须满足的标准。FAA目前在无人机空管方面也已做了大量工作,如:建立无人机的适航标准、建立无人机飞行同有人机飞行的协调程序、开发无人机发现和自主避让其他飞机的能力等,同时为做好无人机的管控工作,FAA已经对无人机和无人机的飞行空域进行分类。因此,我国为了维护空中飞行秩序,保证飞行安全,必须借鉴国外经验,通过法律法规对无人机的飞行进行规范和管理。

(四)目前无人机种类繁多,亟须对无人机进行权威统一的分类

由于无人机系统的多样性,只有建立合适的分类以及相应的管理模式,才能使无人机的性能得到最大程度的发挥。无人机系统的分类是其运行管理的基础。

军方通常按照任务类型将无人机划分为战术无人机和战斗无人机;按照飞行高度和航程划分为中空长航时无人机(Medium Altitude Long Endurance,MALE)和高空长航时(High Altitude Long Endurance,HALE)无人机。这些分类方法与空中交通管理关联很少。

国际上对无人机系统分类的主流方法与有人机的分类方法类似,都是按照最大起飞质量来划分,不同的质量影响着冲击动能和碰撞坠地的安全风险,在此基础上制定相应的适航和运行标准,便于空中交通管理。

(五)无人机要适合于全空域飞行,必须实施适航管理

要使无人机像有人驾驶航空器一样适合于全空域飞行,必须对无人机实施适航管理。"适航性"是指航空器能在预期的环境中安全飞行的固有品质。无人机系统包括了地面控制站、通讯链路、发射和回收系统以及飞行器本身。因此,为保证无人机进入公共空域的安全,需要完善对无人机系统和操作员的适航认证,其目的是使无人机飞行不会对人员和财产造成比同等有人驾驶航空器更大的威胁。

到目前为止,我国没有对无人机提出适航性要求,因此,也没有制定相关的无人机适航标准。

(六)无人机全空域的使用,需要加强对无人机飞行的空域管理

目前各国对无人机空域管理主要采用划定隔离空域的方法来保证安全。隔离空域,顾名思义,是专门为无人驾驶飞机飞行活动分配的空域。通过防止或严格控制其他航空器进入该空域来降低碰撞风险。然而随着无人机数量的迅速增加,以及大量高空长航时无人机的出现,继续单独为无人机划定飞行空域将很难做到。

为了能更广泛地使用无人机,美国和欧洲很早就开始研究如何将无人机整合到统一的空管系统中。欧洲航空安全局(European Aviation Safety Agency,EASA)在2007年12月公布了军用无人机与民用飞机共同使用空域时对无人机的要求;2011年,美国国防部(United States Department of Defense,DoD)和美国联邦航空管理局(Federal Aviation Administration,FAA)颁布了《无人飞行系统空域融合计划》,最终目的是使无人机系统和有人机一样在空域内飞行。

美空军一直密切关注低空防撞击管制,做了大量工作并取得了成效。最早实施的空中

防撞击措施是推行空中控制指令（Airspace Control Order，ACO）。该指令与为飞机分配任务的每日空中任务指令一起发送，这两种指令都是美国空军联合空中行动中心为美军中央司令部伊拉克-阿富汗战区拟定的。ACO 确定了飞机的规划路线以及其他空中协调措施，如非火力区以及其他空中受限空域。为避免无人机与其他飞机相撞，ACO 指定无人机在特定高度飞行，避免垂直方向相撞；为无人机限制地理空间区域和飞行时间轨迹，避免水平方向相撞。联合空中行动中心采取的办法是，如果掌握了地面部队可能发射无人机的区域，就向所有有人机的飞行员发送 ACO，告知这里是无人机活动区，如果进入该区域 1 000 m 以下范围需要通知旅级联络员。联络员知道低空空域有哪些无人机、谁在操控它们，而且能指挥无人机降落，或使其飞离该区域。1 000 m 就是所谓的"协调高度"，目前这个高度以下还没有真正有效的防碰撞措施，无人机可以自由飞行而有人驾驶飞机必须小心，空中碰撞多发生在这一区域。

避免水平相撞的方法还包括制定"受限操作区（Restricted Operation Zone，ROZ)"，ROZ 以及 ACO 确定的其他防碰撞措施统称为程序化空中管制。在这种方式下，一部分空间被封闭，但实际上，控制人员并不知道特定时间内飞机在空中的位置。这种管制方式在战场空间利用率方面非常低，而且也容易被敌人利用，使自己建立的飞行走廊成为敌人飞行器的安全航线。随着低空飞行器不断增多，程序化空中交通管制不能满足需求，需要进行确定型管制。确定型管制意味着，无论是有人驾驶飞机还是无人机都可以通过光学观测、雷达扫描、敌我识别信号接收等方式确定其确切位置。

1. 无人机用途的迅猛发展，要求必须提供完善的空中交通服务

空中交通活动大都依靠空中交通管理提供的空中交通服务。非隔离空域中的空中交通服务以国际民航组织（International Civil Aviation Organization，ICAO）发布《全球空中交通管理运行理念》(*Global Air Traffic Management Operational Concept*)为基础。空中交通服务方为空域使用者提供气象信息、管制指示以保障飞行活动安全有序。

如何通过及时告警有效地防止无人机与无人机、有人驾驶飞机或直升机、建筑类的静态障碍物及鸟群这样的动态飞行物相撞是无人机空中交通服务的重大课题。目前有三种可行的空管服务模式：

（1）集中式运行模式。无人机将防撞责任委派给一个空中交通管制服务提供方，由该方探测无人机与其运行空域中其他物体之间存在的潜在碰撞，并建议无人机改变航路避险。

（2）不合作分散式运行模式。无人机探测与空域中其他物体可能碰撞时，不使用任何通信手段自动改换航路避险。

（3）合作分散式运行模式。无人机探测到与空域中其他物体可能碰撞时，在对方合作的前提下，主动与对方联系以解决冲突。若对方不配合，无人机则采取不合作分散式运行模式。

当空域管理中心掌握全球的信息，每架无人机则掌握周边飞行物飞行轨迹的部分信息。无人机通过空中交通管制服务提供方、双边合作协议和机载传感器等方式定期更新信息库。

2. 适应全空域使用安全，必须严格把握无人机运行人员的资质

涉及无人机运行的人员主要有无人机操控（飞行）员，空中交通管制员和地面维护人员。

人员上岗前应当通过身体检查、培训、考查认证,取得相应的资格证书,做到持证上岗。

无人机操控员直接负责无人机的操控,承担着主要责任。与有人机飞行员不同,无人机操控员与无人机人机分离。因而需要特别考虑的关键因素就是操控员的遥控飞行技术、专业知识、培训和身体条件是否与特定执照的要求相称。航空发达国家对无人机操控员资质规定的最低要求是应当取得私用飞机驾驶执照。目前我国无人机系统操控人员多从航模运动员中选拔,国家体育总局组织培训通过后颁发无线电遥控飞行执照。我国短期内完全按照飞行人员要求管理无人机操控员存在困难,可先根据无人机系统分类的深化,细化操控人员的管理,做好非航模类无人机操控员的管理。

对于空中交通管制员,由于无人机管制与有人机的不同,为无人机服务的空中交通管制员应当经过适当的岗前培训,以顺利实现有人机管制到无人机管制的过渡。无人机空中交通管制员的资质认证不应受无人机系统类型的影响。但是,无人机在特定空域运行前,应当向该空域空中交通管制人员提交与无人机系统特性相关的特别培训要求,包括性能、运行状况、通信、运行限制和应急程序等内容。

地面维护人员负责无人机系统的日常维护以保证无人机系统的持续适航性。由于无人机系统多样化,且涉及飞机结构、动力、通信链路、地面控制站、发射回收设备等多个子系统,要有针对性的加强对维护人员的培训。

四、基于空管实践的技术需求

(一)感知-避让系统

在无人机领域,感知-避让是一个通用术语,用来描述一个涉及单个或融合多个传感器的系统,它有能力看到、感知或探测到交通冲突或其他危害源,并通过飞行控制系统采取适当措施以满足适用规则。该系统可作为有人飞机飞行员看见-避让功能的替代,实现感知-避让,防止空中相撞,保障无人机和有人机的安全飞行。

现成可利用的技术有 S 模式应答机、广播式自动相关监视系统(Automatic Dependent Surveillance-Broadcast,ADS-B)、空中交通警戒和防撞系统(Traffic Alert and Collision Avoidance System,TCAS)以及光电/红外(Electro-Optical/Infrared-Radiation,EO/IR)传感器等。根据不同的性能要求可以选用不同技术组合使用。

TCAS 与 EO/IR 传感器组合运用对于无人机实现空中交通管制飞行在技术上是可行的。TCAS 可以提供高度和距离数据,高度信号是作为应答机信号的一部分发送的,而距离则由信号在飞机间传输的时间确定,从而对飞行器在非隔离空域内进行安全导航,但是不能为无人机提供充分的信息。EO/IR 传感器可以实现精确方位的测量,能以小于 0.5°的精度测量空中交通的方位,比 TCAS 精确得多。在技术方面,需要为 TCAS 和 EO/IR 传感器任务载荷发展主动数据融合系统,以及改进人机界面和自动加速探测与回避过程。同时,它还必须与附加的空中交通管理程序和飞行计划相结合。碰撞评估和规避机动通知则需要决策支持辅助装置的帮助。

(二)通信系统

通信系统是无人机系统的关键组成部分,无人机、操控员与空中交通管制员三者之间的信息情报交流都要依靠通信链路。一旦其中一环失效,就可能造成失控、碰撞、坠机等严重后果。对于通信系统的可靠性、安全性和频率分配问题,应该纳入无人机系统适航评估认证的考量中。空中交通管制员要运用技术手段及时准确地掌握无人机的位置。英国民航局建议无人机报告自身信息时要在前面加上无人的标志,以使管制人员清楚区分无人机与有人机。同时要建立管制员与无人机飞行员之间的多种联系方式,保证管制人员指挥无人机的程序与有人机相近,不需要做额外的工作或需要辅助的设备,对无人机的管制命令可以通过无人机传递给无人机控制人员。

(三)飞行中止系统

由于无人机"人机分离"的特点,其运行高度依赖飞行控制系统、通信系统或者自主飞行系统,然而就目前的技术状况,这些系统是不完备的,一旦出现系统故障或受他人恐怖劫持,无人机可能与飞行员、管制员失去联络或控制,甚至出现飞出隔离区、碰撞、坠机等严重后果。因此中型以上无人机应具有特殊情况下自动处置的能力,如启动自动返回、自毁程序等,在无人机适航中要求设计和装备飞行中止系统。

第三章　无人机飞行管理运行机制

一、无人机管控机构设置

无人机的管控应像有人驾驶航空器一样,既接受航空单位的管理,也接受空管部门和地方相关部门的管理。

(1)飞行管理。由现行空管体制下军、民航空管部门和无人机权属单位根据现行航空法规组织实施。

(2)地面管控。由地方现行公安、工商、税务等部门与无人机业务相关职能机构实施综合管控,明确并赋予其相关管控职能,同时可在公安、交警系统增加航空管理地面执法部门。

二、无人机管控机构职能

(1)军、民航空管部门。军用无人机作为国家航空器对待,军航空管部门应掌握军、民用无人机飞行的动态,对无人机的指挥和监控同有人机的空域飞行职责,及时通报与民航飞行有关的无人机飞行动态。国家民用航空主管部门负责对民用无人机飞行进行监控,配合军队有关部门实施空中监管和空中不明情况的应急查证处置。

(2)军队。负责组织空中监管,依法实施无人机飞行管制工作,对空中不明情况进行查证处置。

(3)公安部门。负责对无人机违法、违规飞行的处置工作,组织协调重大活动期间无人机地面防范管控工作,配合有关部门依法对无人机飞行实施管理,负责违法、违规无人机落地后的秩序维护和现场处置工作,配合对违法、违规活动的单位或个人进行查处,负责组织协调重大活动期间无人机的地面防范管控工作。

(4)海关部门。负责办理无人机(包括散装组件)进境海关手续,按照进境货物、物品监管要求,加强对进境无人机(包括散装组件)的监管。

(5)工商部门。负责对生产销售无人机企业的登记管理,配合公安等部门对未经批准私自生产销售的违法、违规行为进行查处,配合有关部门对无人机违法、违规飞行进行查处。

(6)安全监管部门。负责协调影响无人机安全的重大事项,支持配合公安、体育、民航、气象等部门督促从事无人机的生产经营单位做好日常安全管理和安全教育培训等工作,依据有关规定参加无人机事故的调查处理,参与对无人机违法违规飞行的查处。

(7)民航部门。负责对引进进口无人机进行管理,依法对无人机及零部件设计、生产、维修和飞行进行监管,对无人机和从事无人机活动的企业、个人等进行许可、登记管理,配合军队实施空中监管和空中不明情况的应急查证处置,负责对无人机违法、违规活动进行地面查处。

三、无人机管控法规制度

要实现无人机像有人驾驶航空器一样在国家公共空域内飞行,必须建立健全适用于无人机飞行的航空管制法规和程序。欧洲航行安全组织 2007 年 12 月的报告提出无人机的空中管制要满足三个基本原则:①无人机的飞行活动不能危及空域中其他飞行器的安全;②飞行管制的程序应当比照有人驾驶航空器的作法,且基本一致;③无人机提供的空中交通管制服务对管制员来说应当是透明的[管制员无须与无人机飞行员(操控员)始终保持地面通信联络]。

为了规范无人机的飞行活动,保证无人机飞行空域的航空安全与空防安全,应建立适用于无人机飞行的航空管制法规。可借鉴国外的成熟做法,参照有人机的航空和适航法规,考虑无人机的飞行特点,出台与我国无人机发展相适应的三类航空管制法规。

(一)无人机组织与实施飞行的管控法规

(1)《无人机飞行管理条例》。提出无人机系统适航要求,确定无人机管理机构与职能,规范无人机飞行的申请、批复、组织与实施,明确无人机违法飞行法律责任与处理办法。

(2)《无人机飞行安全间隔标准》。根据无人机的飞行特点,研究确定无人机之间和无人机与有人机之间的安全飞行间隔标准,为空中避撞处理提供依据。

(3)《无人机飞行规则》。确定无人机组织与实施飞行基本遵循,明确无人机飞行中相关情况的处理规则。

(4)《战时无人机飞行管理规定》。主要应明确空战场无人机飞行管理机构、职能和任务;确定空战场无人机飞行组织实施程序、方法和要求,提出战时无人机组织实施飞行中相关单位的协调机制。

(二)无人机系统适航法规

(1)《无人机适航标准》。适用于各类无人机飞行的适航标准,基于空管实践的适航要求。

(2)《无人机分类标准》。基于我国空管实践的无人机分类标准。

(3)《无人机设计标准》。

(三)无人机运行认证法规

(1)《无人机飞行相关人员资质认证制度》。对无人机飞行操控员、指挥员、设计人员的资格进行许可确认,明确规定没有资格的人员不能参与无人机运行。

(2)《无人机生产厂家资质认证制度》。

(3)《无人机研发生产型号认证制度》。

四、无人机管控技术支持

(一)为无人机装备航管应答设备

无人机空中管制首先要保证地面空中管制机构能及时准确地掌握无人机的位置,为此,应在无人机上装备敌我识别系统、二次雷达应答系统、防相撞系统等有关航管设备。

(二)建立管制员与无人机控制人员之间畅通的联系通道

采取多种方式,建立管制员与无人机控制人员之间畅通的联系通道,保证管制人员能及时、有效并顺畅地管控无人机飞行。英国民航局公布的无人机空域使用指导中建议无人机报告自身信息时要在前面加上无人的标志,以使管制人员清楚这是一架无人机。这一做法具有很好的借鉴意义。

(三)发展无人机的"感知-避让"能力

对于有人驾驶飞机,机上装有交通警告和避撞系统。无人机上没有飞行员,大多数时候自主飞行,特殊情况下由地面控制人员进行控制。因此,不能依靠 TCAS 系统来防止无人机的空中相撞。无人机需要的是自主的感知-避让能力。

无人机的感知-避让是指无人机具有能够避免碰撞和绕过障碍物飞行的能力。美国联邦航空局(Federal Aviation Administration,FAA)提出,"目前使无人机不受限制地进入全国空域生死攸关的技术尚没有成熟",而亟待实现的最重要的技术就是"感知-避让"。无人机的感知-避让系统可使用机载光电/红外照相机、雷达或激光雷达等传感器,能够探测正在逼近的各种飞行器和其他障碍物,并通过飞行控制系统强制无人机进行合理的规避动作,以确保空中碰撞事件不会发生。

无人机自主感知-避让的关键技术包括:高分辨率高灵敏度的探测传感器技术、快速的自动检测与识别技术、自主规避控制技术等。在无人机感知-避让系统中,传感器起着举足轻重的作用,它是整个感知-避让系统的基础。自动检测和识别是将障碍物视频图像序列中感兴趣的部分检测出来,并识别出障碍物,完成相应的决策,从而为规避障碍物进行必要的准备。自主规避控制技术涉及无人机的航路规划、飞行决策等方面,是一个传感器数据融合与分析、智能信息处理、计算机和图像处理、人工智能、最优控制、运筹学、博弈论等多学科综合问题。

随着无人机的不断发展和各项关键技术的不断完善,无人机的感知-避让技术正在从理论和实验室走向实际应用。美国空军表示,由其空军研究机构最新研制的"机载感知规避"(Airborne Sense and Avoid,ABSAA)系统已经于 2022 年应用于"虎鲨"无人机,未来该系统将可扩展到各种类型无人机。欧洲防务局(European Defence Agency,EDA)研究机构声称,计划相关的中空碰撞规避系统将使长航时无人机纳入民用空中交通系统运行。

今后,随着集成电路、纳米技术、微机电和传感器制造水平的不断进步,纳米机电系统和纳米光电系统由于其体积微小,将有可能与探测技术有机结合,提供更高效的障碍物探测技术。多运动目标的识别技术也将会为无人机感知-避让技术提供更好的特征提取、分类和识别方法,促进无人机感知-避让技术朝着更为成熟和实用的方向发展。

第四章 无人机飞行静态管理

一、无人机飞行许可

无人机同有人机一样,是在大气层中使用的飞行器,这表明无人机同有人机一样,需要适航认证和飞行许可取证。但由于目前无人机在可靠性、通信、法规、感知-避让等方面尚未成熟到有人机的水平,因此,不能像常规有人机那样与其他航空器共享空域。但是,在特许条件下,无人机还是可以进入非隔离空域飞行的。无人机能否进入非隔离空域飞行要统筹考虑两方面的问题:第一要尽量为无人机的空域飞行创造条件,使其有更多的飞行机会发挥其效益,促进无人机系统产业的发展;第二要考虑的是无人机进入空域飞行不能给空域的其他用户带来威胁和危害,也不允许无人机同有人机在同一空域混合飞行时降低该空域的运行效率。为达到这个目的,为无人机建立科学的运行管理体系和相应的法规是必要的,同时需制定、完善有关技术文件,并对无人机的飞行许可进行规定。

无人机飞行申请人提交的申请资料/内容:

(1)申请试验类许可证需要提交航空器注册证书、适航证和飞行手册;相关的民航咨询通告和管理程序。

(2)在航图上标出运行区域、高度。

(3)运行手册/飞行手册。手册中要求说明运行限制、间隔配置等空管需要的内容、指标。

(4)检查单。应说明正常、不正常和应急程序。

(5)机组培训计划,并证明机组人员满足培训计划的要求。

(6)提供机组人员合格证明。

(7)飞行许可申请书。包括(但不限于)无人机航空器标识、飞行目的、运行空域、运行时间,还需证明所运行的空域容量满足飞行要求,申请人必须提供在数据链、遥控、遥测故障时的详细应急程序,提供详细安全检查单。

对无人机飞行的许可审查通常包括以下内容:

(1)UAS运营人/注册所有权人的姓名、地址。

(2)对UAS的描述,无人机的注册号、制造商、制造日期。

(3)项目概述。概述飞行目的和范围。如果有过去的飞行经历、经验也可写入。

（4）明确飞行区域。包括如下内容：飞行区域用经纬度标出飞行区域，例如，如果飞行区域是矩形，就要说明每个角的经纬度，还要说明边长；空速、飞行小时、飞行次数、在各飞行区域的时间；使用的空域类型；是否满足目视飞行规则；如果是试飞，是否包括任务载荷试验；是否进行特技机动飞行；飞行条件，例如：目视飞行规则（Visual Flight Rules，VFR）、目视气象条件。

（5）USA/航空器构型、配置要求航空器的三视图或有三维尺寸的航空照片。描述 USA 配置，包括控制站。说明航空器/系统性能参数，包括翼展、长度、发动机、最大起飞重量、油量、任务载荷体积、最大高度、航时、最大空速、控制/数据频率、引导和导航控制等。

（6）维修和维修审查。

（7）机组人员合格审定。

（8）航空器注册和标识。

（9）ATC 应答机和高度报告系统设备和使用。描述无人机高度报告系统。

（10）感知-避让方法说明具体方法。例如：伴飞航空器的性能。

（11）安全风险管理提供本项目 UAS 运行的危险识别与分析。

（12）系统配置。描述航空器系统配置和所有机载设备及地面设备。

（13）系统安全——飞行终止和链路丢失，说明在无人机缺油时的情况；描述在丢失数据时的应急程序；详细说明飞行终止系统。

（14）指挥和控制。描述控制站、系统、UAS 的指挥控制程序。

二、无人机适航性认证

航空器的"适航性"是航空器能在预期的环境中安全飞行（包括起飞和着陆）的固有品质。因此，"适航审定"工作最根本的目的就是对航空器的安全性进行评判和审查。

无人机的适航管理是以适航证件为核心的管理模式。无人机必须具备三个基本适航证件：型号设计具有型号合格证件；生产系统具有生产许可证；单架航空器具有适航证。

UAS 关于空管方面适航取证的内容一般包括：

（1）与航空器性能和飞行特征安全有关的方面。

（2）航空器结构（包括发射/回收载荷）的设计、生产。

（3）设计、生产航空电子系统和设备（包括软件），并保证其功能达到期望的安全水平。

（4）飞行手册，包括应急程序和限制。

（5）无人机系统控制和通信链的安全评估。

（6）控制站所有部分的设计与生产。该设计与生产的不合格或出现故障都会危及无人机控制的安全。

（7）与安全控制无人机有关的 UAS 控制站人员要求。

（8）飞行终止系统（Flight Termination System，FTS）的设计和生产。

（9）有效载荷的集成。

随着我国无人机的发展，应强化无人机按分类标准实施适航管理，尽快建立全空域飞行无人机的适航认证机制，研究提出基于空管实践的无人机全空域飞行适航要求，研究制定适合我国国情的无人机适航标准。与此同时还应加强无人机机载适航设备的研制开发,尤其应加强无人机"感知-避让"能力的开发,因为感知-避让能力是无人机实现空中飞行安全的重要基础,更是无人机进入公共飞行空域的重要技术支撑和安全保障。

对于像 UAS 这样尚无适航法规的航空器,要确定适航要求,可以用下列遵制法和安全目标法两种方法。

1.遵制法

这种方法是应用已有的法规,根据长期积累的经验来设计航空器。如果符合现有法规的要求,就可以获得相应的适航证书。为全面涵盖航空器设计中适航有关的所有方面,有时会补充一些专用条件。一般而言,应尽量避免规范上的假设。

2.安全目标法

这种方法是要制定航空器在其指定的飞行任务、运行环境下的总体"安全目标/安全指标"。该方法是一种"自顶向下"的方法。它把注意力集中在影响实现安全目标的安全关键问题上,允许通过设计和运行要求的结合来对付潜在的危险。

例如,通过运行限制来应对航空器适航方面的不确定性。这样可以把注意力集中在关键风险上,而不只局限于要完全符合所选用的适航法规。用这种方法一般只限于申请"限用类适航证"或"飞行许可"。

半个多世纪以来,航空法规不仅提高了运行的安全水平,还具有足够的灵活性,能够应对航空器设计的发展。因此,现在背离已有法规而选用"安全目标法"是很难验证认可的,尤其是在不遵循 ICAO 条约和当地基本法规时。因此,在制定适航要求时,应充分考虑上述因素,尽量基于现有法规和程序,可拥有较高确信水平。如果申请适航审定的航空器有完全适用的已有法规,一般就可以申请"型号合格证"。

如果申请适航审定的航空器没有完全适用的适航规章,就可以结合安全目标法申请限用类特殊适航证或特许飞行证,因为安全目标法没有足够的数据和经验来验证其安全性,因此,一般不能申请"标准适航证"。目前 UAS 就可以这样申请有限制要求的飞行许可。例如,用于极地勘测的无人机只能在荒无人烟的地区飞行,在那里对人员、财产的威胁几乎可以忽略不计,就可以基于安全目标法申请飞行许可。

三、无人机飞行空域划设

(一)无人机空域划设目的

对无人机空域按需求进行类别划分的目的是:在可以接受的安全范围内,为在此空域内运行的无人机提供最大限度的灵活性、机动性及最大安全间隔,并对其实施主动管制。

在我军无人机空域的划分上,应尽量把握"主导高空、控制中空、放开低空"的原则,即主导远程战略、高空高速、高空长航时和无人作战飞机空域的划设,控制中空、中程无人机空域活动,逐步开放低空、低速、低成本无人机空域飞行。而且为了更好地完成任务,一些军用无人机需要在空中作持久飞行,有时其飞行范围可能超出受限制的军用空域,需要在民用空域内飞行。

由于无人机在可靠性、自主飞行、防撞规避、敌我识别等能力远达不到有人机的适航性要求,因此,无人机使用民用空域申请困难,协调时间长,手续复杂。目前无人机不适于进入民用空域飞行,建议参照美国无人机系统空域集成计划,通过提高无人机系统平台的性能、划分所需空域、促进技术进步、制定规章和标准、以及开发在国家空域系统中进行常规操作所需的设备,采用增量方式逐步实现我国无人机系统的国家空域系统集成,最终使得无人机系统可以像有人机一样常规使用国家空域,进行操作、训练和执行任务。

(二)无人机空域划设原则

无人机空域划设是航空管制工作中空域管理的重要内容,是一项复杂的系统工程,涉及面广、政策性强,需要建立一套完整和科学的管理方法。

1.空域划设法规化

"法规化"就是通过颁布法规、条令、条例或命令对无人机的各类飞行空域实施管理。《中华人民共和国飞行基本规则》、《中国民用航空空中交通管理规则》、中国人民解放军《空军飞行管制工作条例》、各军区空军《飞行管制区飞行管制细则》以及有关规定是空域管理的具体文件,都是无人机空域划设的依据。

对无人机各类飞行空域的划设、审查、批准、备案等都有严格的规定。也可根据需要制定无人机空域飞行的行业规范,并按规范要求进行空域管理。

为更好地进行无人机空域管理,适应无人机快速发展的需要,对无人机的空域管理应成立空域管理的专职机构和空域管理的研究部门,使无人机空域的划设、审查、批准、使用应进一步严密化、具体化和精细化,使无人机空域管理更加科学、合理和正规。

2.空域划设程序化

"程序化"就是划设无人机空域的立项调查、申请上报、审查批准、对外公布,以及空域的更改、撤销等每个环节都有严格规范的程序。

3.空域划设标准化

"标准化"是指无人机空域的技术文件及其符号、代号等加以统一规定,并予以实施的一项技术措施,它可以使空域管理更加科学、规范和严密。

(三)无人机空域划设与管理的基本要求

军民航航空管制部门应按照飞行管制区的划分,依据空域管理的政策和法规、空域管理的程序和分工,负责无人机空域的设置、调整和协调等管理工作,对管辖区域内的无人机空域进行直接或间接的控制。

(1)统一规划。对无人机空域的规划按照国家规定的有关权限,协调无人机的空域用户,统一规划并实施完成。

(2)军民兼顾。严格执行《中华人民共和国飞行基本规则》和有关的空域管理规定,维护国家领空安全,合理划设和使用无人机空域,优化空域结构,改善空中环境,兼顾军民航飞行的需要。

(3)分级管理。对于无人机空域,按照规定的权限申报和批准,对管辖区内的空域实行直接或间接的控制,对违反空域使用规定者,要查明情况,依法处理。

（4）配套建设。对无人机飞行空域,可根据无人机的性能情况,建设相应的适航设备,使无人机的飞行发挥最大的经济、军事效益。

（四）无人机隔离空域的划设

航路、航线附近的无人机基地、试验场、常用训练场的上空,可以划设无人机隔离空域。其他地区上空可以根据需要划设临时隔离空域。在规定时限内未经航空管制部门许可,航空器不得擅自飞入无人机隔离空域或临时隔离空域。

无人机隔离空域或临时隔离空域与航路、航线的间隔,和与其他飞行空域的间隔标准,可以按照空中限制区的间隔标准制定。

（五）无人机空域规划

无人机空域规划和对不同飞行空域的运行需求,应当根据无人机训练大纲和飞行条令的规定、飞行任务（科目）的需要,并且考虑航路航线的范围和走向、机场区域的范围、野外地形、无人机部队的机型、操纵人员技术水平、通信距离、航空管制能力、机场分布情况和环境保护等因素进行制定。

无人机空域规划包括飞行航线规划、进出空域方法和飞行程序的规定。通过飞行航线的规划,从起飞点到目标点满足无人机预定性能指标最优的飞行航线,主要是给出无人机的任务区域、确定的地形信息以及威胁源分布的状况和无人机的性能参数等限制条件,满足无人机的最小转弯半径、飞行高度、飞行速度等条件,还要考虑雷达发现的最小概率、覆盖程度。无人机飞行航线设置为往返飞行航线和多边飞行航线。进出空域方法属于复杂的进近管制阶段,进出空域飞行程序的制定,除了受机场（起降点）净空、空中航路航线的限制之外,还要受到周边军民航使用空域的影响。机场（起降点）作为无人机飞行的起点和终点,其上空通常是航空器运行最密集的区域,航空器在这一区域中相撞的概率是最高的,因此是无人机航空管制运行管理和空域需求规划的重点和难点。

四、无人机操控人员的资质认证

为保证无人机飞行的安全,同时避免威胁其他航空器的飞行安全,无人机操控人员必须取得有关部门颁发的相关证书。无人机操控人员证书要根据所操控的无人机类型学习相关的法规、标准和知识,经过考试合格才能颁发。不同类型无人机操控人员应有所区别。对同一类无人机操控人员资质证书的颁发,应像飞行员证书颁发一样,可分操控等级实施考核颁发。

（一）国外发达国家无人机操控人员证书颁发情况

1. 美国

FAA 的标准 14CFR61,63,65,67 是为了保证机组人员和维修人员的能力合格。在适航证方面,这些标准并不针对同等级的军事人员。美国国防部和 FAA 签署了备忘协议。国防部同意其训练将满足或超过 FAA 同意军航飞行员可以与同等的民航驾驶员一样在

"国家空域系统(National Airspace System,NAS)"中飞行。

即:所有无人机系统的操作人员都要具有一定的知识才能在 NAS 中工作。为了保证安全,对 CAT Ⅲ类无人机系统的操作人员的训练内容必须包括(但不局限于):

Regulations(法规、标准、条例)

Airspace clearances and restrictions(飞行许可与限制)

Aircraft flight rules(飞行规则)

Air traffic communications(空中交通通信)

Aircraft sequencing and prioritization(航空器排序和优先级)

Take off and landing procedures for combined manned and unmanned operations(有人/无人联合运行时的,起飞/发射、着陆/回收程序)

Go-around and abort procedures(复飞、中断飞行的程序)

Flight planning and fling including in—flight filing(飞行计划和申报,包括飞行中飞行计划申报)

Flight and communications procedures for lost link(在失去数据链下的飞行和通信程序)

Weather reporting and avoidance(气象报告与规避)

Ground operations for combined manned operations(有人机和无人机在一起的地面运行)

Flight speed and altitude restriction(飞行速度与高度限制)

When application,weapon carriage procedures,including hung ordinance flight restrictions(所需的武器携带程序,包括武器悬挂条例飞行限制)受国际法约束的"public aircraft(公共航空器)"FAA 不必接受国防部的训练要求和军事等级,国防部独立决定这些内容。军事部门自行确定训练内容与方法。

2. 欧洲

(1)欧洲对无人机系统有关人员的总体要求。无人机系统机组成员和技术人员应有执照;基本知识的要求与相应的有人驾驶航空器的人员一样;无人机系统"飞行"机组的人员应有体检合格证;要求理论培训、考核/检查,执照和等级的申请与审批;要求基础培训、型别系统培训、定期培训,上述经历及其检查,并根据相应的理论和实践培训的考核确定执照的颁发。其他需要进一步考虑的内容。

(2)具体实施。在实施过程中,还有下列具有无人机特色的有关内容:与飞行机组许可的联合航空要求(Joint Airworthiness Requirements—Flight Crew Licensing,JAR—FCL)、美国联邦航空条例(Federal Aviation Regulation,FAR)对应的 UAS 操作人员的理论和实践水平、培训内容;UAS 操作人员、技术人员执照与有人驾驶航空器不同的地方;应用于有人驾驶航空器人员的理论要求,对于不适用于无人机系统的内容加以明确;在现有法规的框架下,研究 UAS 的操作人员的培训。内容包括合格审定、执照管理、理论要求、实践/技巧要求、等级、程序;先完成基本培训/合格审定,然后,进行型别培训/合格审定;最低飞行经历要求、定期检查要求;具有有人驾驶航空器执照的人员增加 UAS 执照、等级的申请、管理程序;UAS 的执照体系:从人员合格审定的角度,对应 UAS 的分类,采取相应的执照等级系统;分析现有航空人员执照、合格证、等级、培训、考核、合格审定、管理程序等,哪些不适用于

UAS,哪些未考虑到 UAS 的特色?

需进一步讨论的问题 UAS 的机组资源管理。

(3)相关知识。航空知识;有关无人机的关键飞行系统的知识;有人驾驶航空器驾驶员的资格;通信程序;无人机飞行训练等级;有关无人机的飞行水平和时间;气象学。

(二)我国无人机系统操控人员证书培训、考核的建议

根据我国无人机的发展现状,无人机系统操控人员操控指定型号的无人机,必须经过飞行手册中所说明内容的培训,满足相关的适航要求。

无人机操控人员的培训、合格审定可分为模型(包括:运动类、休闲类、业余自制类)、UAS(除模型之外的民用、军民两用无人机系统)和大型军用 UAS 三大类型。

无人机系统操控人员资质证书颁发建议:

(1)证书由军民航指定的部门颁发。

(2)根据无人机系统操控人员操控无人机的类别制定考核内容。

(3)军用作战无人机系统操控人员与民用无人机操控人员的基本考核内容应当一致,但军用无人机操控人员必须增加对无人机武器装备相关内容的考核。

第五章　无人机飞行动态控制

加强对无人机飞行的管控,维护空中秩序,确保飞行安全,无人机飞行单位、个人应当与空管部门建立有效的沟通协调机制和顺畅的协同通报关系,对无人机及其飞行活动实施联合管理,解决当前无人机飞行秩序混乱的状况,促进我国空管改革的深入推进和无人机应用的健康发展。

一、无人机飞行动态掌握

在无人机体积较大、飞行高度较高等雷达易于监视的情况下,空管部门通过操控员对无人机在管制空域内实施飞行活动的管理方式是雷达监视下的程序管制。但多数无人机材料各异、雷达反射面小,不能形成清晰的电子特征,且没有装配二次雷达应答设备,空管部门通过操控员对无人机在管制空域内实施飞行活动的管理方式实质上是雷达监视条件失效下的程序管制。当无人机偏离预定空域或航线、出现空中故障、失去控制或发生其他特殊情况威胁空中飞行安全时,空管部门通常难以采取实时有效的管制措施。因此,在当前空管运行条件下,必须加强无人机飞行单位、个人、无人机操控人员与空管部门的协调通报关系,强化无人机飞行的计划管理、飞行情况通报和活动监控,并建立有效的技术手段,维护无人机飞行时的空中秩序。

1. 掌握飞行计划

空管部门应当及时掌握所辖飞行管制区域内详细的无人机飞行计划。无人机飞行单位、个人或者操控员应当至少提前 7 个工作日向相关管制部门提交详细的无人机飞行计划申请。无人机飞行计划申请的内容至少应当包含下列内容:

(1)无人机飞行单位、个人名称或姓名。

(2)操控员姓名、代号(呼号)。

(3)飞行任务性质。

(4)机型架数。

(5)飞行场地(投放、回收地点)。

(6)飞行空域或航线。

(7)活动高度范围。

(8)飞行速度。

（9）通信联络方法。

（10）飞行开始、结束时间。

（11）其他飞行条件。

无人机飞行单位、个人或者操控员在飞行实施前,应当再次同空管部门核对当日飞行计划及批复情况,进一步确认飞行许可。

2.建立协同通报关系

无人机飞行单位、个人、无人机操控员与其他相关空管部门建立顺畅的协同通报关系。在有条件的情况下,无人机飞行地面控制站或无人机操控员应当与空管部门建立专用的有线电话线路;在无人机飞行场地与管制部门距离较远,难以建立有线通信时,操控员可利用无线话音电台与管制部门沟通联络;当无线电台覆盖不到相关管制部门时,操控员应当利用一切可能的办法与管制部门建立联络关系;当无人机执行保密任务时,应当建立保密信道,使用保密信道相互联络或者在管制部门的授权下自主操控无人机。

无人机操控员应当及时向相关管制部门通报起飞降落时刻和飞行计划执行情况,如遇特殊情况,需要临时更改飞行计划,如飞行空域、航线、活动高度范围等,应当及时向管制部门提出飞行计划变更申请;管制部门按需向首长、本地指挥机构相关分队、相关的军民航空管部门通报无人机飞行计划内容、飞行实施情况和飞行动态;管制部门向无人机操控员通报与无人机飞行空域、航线相关的飞行计划和飞行动态,妥善处理特殊情况。

3.监督飞行活动

空管部门利用空管一次、二次空管雷达,引接防空部门与无人机飞行单位的监视信息和空管自动化设备监视无人机飞行活动,核对其飞行计划与实际飞行航迹、位置是否一致;在有条件的情况下,空管部门利用建立的有线通信设备及配备的短波、超短波电台同无人机操控员进行定期的沟通联络,掌握无人机的空中位置;当无人机的活动超出雷达监视范围和无线电台覆盖范围时,操控员应当利用一切可能的办法与管制部门建立联络关系,以便管制部门掌握飞行情况;当无人机执行保密任务时,飞行单位应当至少将飞行时间、使用空域的情况及时通报相应的空管部门,使用保密信道相互联络或者在管制部门的授权下自主操控无人机。管制人员在值班工作中,应当根据无人机飞行特点,综合考虑无人机飞行情况和管辖区域内其他飞行情况,及时发现潜在的飞行冲突,在必要的情况下,直接向操控员下达管制指令,调整无人机位置、飞行空域或航线,消除飞行冲突,维护飞行秩序。

4.基于广播式自动相关监视（ADS-B）的无人机飞行管理

基于 ADS-B 技术的无人机飞行管理功能由无人机机载 ADS-B 设备、无人机 ADS-B 地面站和管制中心系统 ADS-B 地面站共同实现。机载 ADS-B 设备可以将无人机和空中附近其他飞机的识别信息及航行诸元下传至管制中心系统和无人机 ADS-B 地面站;空管部门和无人机操控员之间可以通过地面 ADS-B 设备相互发送 ADS-B 报文,也可以对无人机进行实时监视和发送指挥引导指令;一般情况下,无人机操控员对无人机进行指挥引导;空管部门通过 ADS-B 报文向操控员发送空中交通信息服务广播（Traffic Information Service-Broadcast,TIS-B）信息和飞行信息服务广播（Flight Information Services-Broadcast,FIS-B）。

（1）基本 ADS 位置报告。管制中心系统 ADS-B 地面站和无人机 ADS-B 地面站能够接收无人机周期下传的空中识别信息和航行诸元信息，并对信息进行解码、格式转换，达到对无人机空中活动的实时监视。

（2）空中交通信息服务广播。管制中心向地面无人机操控员发送必要的空中交通监视信息，以便操控员全面掌握空域使用状况，合理安排无人机的空中位置、高度和航段。

（3）飞行信息服务广播。空管部门向无人机操控员发送必要的气象和飞行情报等信息，以便无人机操控员全面掌握起降地带、空域、航线的气象状况和空域使用限制条件。

二、无人机安全间隔服务

防止无人机空中相撞是无人机空管工作的基本任务之一，其根本措施是为无人机提供飞行间隔，分为人工间隔服务和无人机自主间隔控制两种方式。其中，人工间隔服务是管制人员利用飞行计划、无人机飞行单位、个人、操控员的自主安全报告和有人机飞行人员的发现报告，对无人机飞行空域、航线配备安全间隔，达到无人机与无人机、无人机与有人机、无人机与地面障碍物之间符合安全间隔标准；自主间隔控制是通过无人机机载设备（如感知-避让设备），自动探测飞行冲突和地面障碍物，自主为无人机与无人机、无人机与有人机、无人机与地面障碍物之间提供安全间隔。在能够提供安全的人工间隔服务的情况下，关闭无人机自主间隔控制功能。

无人机和有人机飞行一样遵守靠右飞行规则。在仪表飞行条件下，无人机与其他有人驾驶航空器的间隔应当按照管制指令，使用有人驾驶航空器的间隔标准；在目视飞行条件下，无人机操控员应当保持目视安全间隔，并对防相撞工作负责。

如果不能保证无人机与其他有人驾驶航空器之间的安全间隔，应当使无人机在隔离空域内飞行，在进行无人机投放和回收时应当对起降地带空域进行净空处理。

（一）空域间隔服务

从事无人机飞行的单位、个人，根据飞行活动要求，需要使用机场飞行空域或需要划设隔离飞行空域的，应当在提交飞行计划时，一并提交空域使用申请。空域使用申请应当包括下列内容。

（1）飞行空域类型。

（2）飞行空域的水平范围、高度。

（3）飞入和飞出飞行空域的方法。

（4）飞行活动性质。

（5）其他有关事项。

无人机进行空域飞行活动时，按照划设的空域类型接受相应的空管服务，无人机飞行空域与其他飞行空域的间隔按照有人机空域间隔规定配备。无人机飞行单位、个人需要使用机场飞行空域或划设隔离飞行空域时，空管部门通常不得在一个划定为无人机活动的空域内同时为无人机和其他有人驾驶航空器提供空管服务，应当尽量避免无人机与其他有人驾驶航空器在同一空域内飞行。在隔离空域内进行无人机飞行活动，由从事无人机飞行活动的单位和个人负责组织实施,并对其安全负责。

(二)航线间隔服务

无人机飞行单位、个人因活动需要,要求使用固定航线或要求划设临时飞行航线时,应当在提交飞行计划时,一并提交航线飞行申请。航线飞行申请的内容包括下列内容。

(1)加入和退出航线的位置和方法。

(2)气象条件。

(3)位置报告点及预达时间。

(4)飞行高度。

(5)其他有关事项。

无人机进行航线飞行活动时,必须接受空管服务,航线飞行间隔按有人机仪表飞行条件下的航线飞行间隔规定配备。

无人机飞行单位、个人申请使用固定航线或临时飞行航线时,空管部门通常不得在同一条无人机飞行航线上同时为无人机和其他有人驾驶航空器提供空管服务,应当尽量避免无人机航线同其他有人驾驶航空器的航路航线交叉。

无人机飞行单位、个人组织飞行活动需要穿越或加入机场飞行空域、航路、航线及特殊飞行空域时,应按照有关规定向空管部门在其飞行计划申请中额外说明穿越或加入的地段、高度和时间范围。

(三)安全报告

组织实施无人机飞行的单位或个人应当具备监控或者掌握无人机飞行动态的手段,同时在实施飞行活动过程中与相关空管部门建立可靠的通信联系,及时通报情况,自觉接受空中交通管制。当发生无人机飞行活动不正常情况,并且可能影响飞行安全和公共安全时,无人机活动的单位或者个人应当立刻向相关空管部门报告。

有人驾驶航空器飞行员发现无人机飞行活动应当及时向相关空管部门报告。空管部门发现区域内有无人机活动或者收到相关报告,应当向管制区内的有人驾驶航空器通报无人机活动情况,必要时提出避让建议,并按通报关系向相关空管部门通报。

(四)自主间隔控制

有人机依靠雷达、避撞程序、应答机以及最终的飞行员目视来避免空中相撞。无人机只能依靠先进的技术来感知-避让、规避空域内或航线上的各种障碍物。无人机与其他有人驾驶航空器自主保持安全间隔的能力必须至少达到目前有人驾驶航空器的标准,并且应能按规定进行"感知-避让"机动以保持安全间隔。

无人机通过机载导航系统或无人机地面设备获得航空器识别信息和四维位置信息(包括无人机本身和周围空域内有人驾驶航空器的信息),再经过机载设备或地面设备的数据处理,实现对周边空域及其他有人驾驶航空器航行诸元信息的感知,使无人机可自主实施冲突探测与规避、飞行路径选择和安全间隔保持。目前,国内无人机机载或地面设备仅满足于基本的飞行要求,设备性能与空管的适航要求还有很大差距,基本不具备自主间隔控制的能力。

三、无人机飞行应急处理

无人机类别差异大,系统性能与有人驾驶航空器存在较大差距,空管部门无法准确掌握无人机的飞行精度和可靠性。即使在隔离运行的情况下,无人机飞出隔离空域对其他有人驾驶航空器构成冲突的可能性也比较大。另外,操控人员就是无人机的"飞行员",他们决定无人机的空中飞行活动。由于无人机起飞着陆及巡航方式差异大,各种操控方式对人员技术要求也不尽相同。目前,操控人员知识和技术水平参差不齐,一方面影响操控无人机的准确性,另一方面,更为重要的是部分操控人员没有空管法规意识,不了解空中交通的要求和空中规则,飞行活动随意性大,容易对空中交通系统、公共安全、飞行安全造成意外的影响,如何对无人机飞行中出现的意外情况采取正确措施,妥善处置,是确保无人机飞行时空中安全的关键。

无人机飞行应急处理是指针对无人机飞行中出现的特殊情况进行紧急处理。飞行中的特殊情况是指突然发生的直接或间接危及飞行安全的情况。处置特殊情况的基本原则是:快速、准确、果断。

无人机飞行出现特殊情况时,空管部门应当立即组织其他航空器避让,开放有关的通信、导航、雷达设备,协助无人机操控员按照有人驾驶航空器的应急处理程序组织无人机归航或回收,尽量避免无人机降落在人口密集区域,减少人员伤亡和财产损失。无人机操控员是进行无人机紧急情况处理的责任主体,在实施飞行计划前,操控员应当做好无人机飞行应急处理预案,建立相关的应急处理程序。

无人机没有按照预定计划飞行,偏出空域或偏离航线时,空管部门组织空中其他航空器净空或采取避让措施,协助无人机操控员按照有人机归航程序组织无人机归航,若无人机失去控制,应当启动无人机应急程序,采取一切措施保证空域安全。

无人机飞行出现紧急情况尚受控制,空域拥挤或其他情况造成不能及时安排着陆时,空管部门考虑协助操控员将无人机应急机动至预定空中盘旋区,并组织净空或避让,否则选择就近陆地迫降场或水上迫降场实施迫降。

无人机飞行失去控制时,操控员应当及时通报空管部门,通报内容包括最后的位置、高度、速度及其他重要信息。空管部门立即将该情况通报给空中其他航空器,组织净空或避让,必要时安排有人驾驶航空器升空或对空射击兵器处置失控的无人机。

无人机迫降或坠落以后,空管部门应当协助无人机操控员组织地面回收工作,帮助查明事故原因。

四、无人机违规飞行查处

从事无人机飞行活动的既有正规的航空公司,也有私人企业、科研院所和个人,部分飞行单位和人员缺乏必要的培训和审批,不具备飞行资质,对航空法规的学习和掌握不够,章法观念不强,业务能力达不到上岗要求,未经批准擅自飞行和飞行中不严格按批准的计划实施等违法违规飞行问题时有发生。

《中华人民共和国飞行基本规则》第二条规定:凡辖有航空器的单位、个人和与飞行有关的人员及其飞行活动,必须遵守本规定。第三十五条规定:所有飞行必须预先申请,经批准后方可实施。第三十九条规定:组织与实施通用航空飞行活动,必须按照有关规定履行报批手续,并向当地飞行管制部门提出飞行申请。

《通用航空飞行管制条例》中对通用航空的解释是指除军事、警务、海关缉私飞行和公共航空运输飞行以外的航空活动,包括从事工业、农业、林业、渔业、矿业、建筑业的作业飞行和医疗卫生、抢险救灾、气象探测、海洋监测、科学实验、遥感测绘、教育训练、文化体育、旅游观光等方面的飞行活动。同时规定了从事通用航空飞行活动的单位、个人,必须按照《中华人民共和国民用航空法》的规定取得从事通用航空活动的资格,并遵守国家有关法律、行政法规的规定;从事通用航空飞行活动的单位、个人实施飞行前,应当向当地飞行管制部门提出飞行计划申请,按照批准权限,经批准后方可实施。因此,绝大多数的无人机飞行活动除了遵守《中华人民共和国飞行基本规则》《中华人民共和国民用航空法》的相关规定外,还应当遵守《通用航空飞行管制条例》。否则就属于违法违规飞行,一旦发现必须严肃处理。

组织飞行的单位或个人首先要具有飞行资质和相关飞行文书,飞行前必须报有关部门批准,严禁私自组织实施飞行和飞行中不严格按批准的计划实施,确保良好的空中秩序和军民航飞行安全。

空管部门应当与地方公安局警务航空队建立通报关系,实行军地联动,及时发现并控制违规飞行活动,共同担起维护空中安全、保持社会稳定的重大责任。

五、无人机空管保障与协调

从事无人机飞行的单位、个人组织实施飞行时,无人机飞行单位、个人和操控员应当与空管部门建立双向通信联络关系。无人机飞行受操控员直接指挥,并对飞行安全负总责。无人机飞行接受管制服务时,操控员应与管制部门保持畅通的双向联络,与空管部门进行无线电通话时使用标准用语。

(1)通信、导航、监视、航行情报服务。空管部门保持同无人机操控员之间的通信联络,协助提供相应的地空通信导航服务和空中监视信息,满足无人机空中安全间隔保持和冲突规避的需要;提供气象情报等航行情报服务,如天气情况、气象预报等,使其能够按照规定的气象条件起飞、着陆和巡航飞行,无人机操控人员根据适航标准和气象标准等条件最终确定,并对此次决定负责。

(2)人工间隔配备服务。无人机使用机场飞行空域、隔离飞行空域、固定航线、临时航线飞行时的间隔配备,由空管部门按照有人驾驶航空器飞行相应的间隔标准执行。

(3)飞行情况通报。空管部门向无人机操控员提供相关空域的飞行计划,通报飞行动态和空域使用情况。对于军民合用机场,空管部门应当告知相关的民航航班进离场计划及其飞行动态。无人机操控员根据有人驾驶航空器飞行的位置、高度范围及时发现无人机与有人驾驶航空器之间可能的飞行冲突,并指挥无人机避让有人驾驶航空器。

(4)空管管制协调与移交。空管部门应当随着无人机飞行的进程,将无人机飞行计划、关键的空中位置点、飞行高度等飞行动态和飞行情报及时通报给需要进行协调的空管部门,以便相关空管部门能够及时掌握情况,并有足够的时间进行分析空中状况和相互协调。

(5)特殊情况的处置。空管部门协助从事无人机飞行的单位或个人做好勤务保障。无人机飞行出现意外情况时,空管部门适时组织机场后勤、通信、导航、雷达、气象等部门协助无人机飞行及其保障人员做好勤务保障。

随着国家天空统一管制模式的持续推进,所有航空器必须统一纳入国家空中交通管理体系。而大多属于"低慢小"目标的无人飞行器,由于其飞行活动特有的低空灵活性、机动性和低可探测性,在一段时间内将会给现行的空管体系和空防体系带来冲击。在空中秩序和空中安全受无人机影响而面临严峻形势的情况下,从空中交通和空防两个方面着手,规范无人机飞行活动管理已成必然。基于当前无人机平台性能和空管系统能力,空管部门应当充分整合空管资源,建立健全无人机飞行活动空管制度、管理措施、管制手段及方法,实行"军民联合、军地联手"共同抓好无人机飞行活动的组织、管理、监督和查处,充分发挥空管维持国家空中秩序和维护国家空防安全的作用。

第六章　无人机飞行组织与实施

随着飞行动力、控制、电子、材料、通信等技术的不断发展,无人机研发技术逐渐成熟,制造成本大幅降低,已被广泛应用于军事训练、战地侦察、警务执法、城市管理、科学实验、地质勘探、农业植保、电力巡检、抢险救灾、环境监测、森林防火、航拍测绘以及集群表演等诸多任务领域,且其适用范围还在迅速拓展。如何才能取得无人机合法飞行资格,避免"黑飞"现象,让许多组织实施无人机飞行的单位、个人感到十分困惑。本章依据我国现行无人机飞行管理相关适用法规,结合笔者十余年飞行管制工作实践,从无人机飞行任务审批、空域申请、计划申报和动态管控等四个方面,梳理总结无人机飞行组织实施申报流程及管理办法,以供相关单位、个人组织实施无人机飞行时参考借鉴。

一、无人机飞行任务申请与审批

从事无人机飞行活动的单位、个人在提出飞行计划申请时,需区分不同任务性质,有特殊要求的,必须提交有效的任务批准文件。无人机飞行任务批准可参照通用航空相关法规执行。

(一)任务审批范畴与权限

为规范通用航空飞行任务审批与管理,促进通用航空事业发展,维护国家空中安全,2013年,中国人民解放军总参谋部、中国民用航空局联合印发了《通用航空飞行任务审批与管理规定》(以下简称《规定》)。

《规定》明确指出:除列出的涉及边境飞行、空中禁区飞行、涉及军事设施的航空摄影或物探飞行、外籍航空器以及飞行员在未对外开放机场或空域飞行等9种情况外,通用航空飞行任务不需要办理任务申请和审批手续,并明确了相应的任务审批权限:

(1)航空器进出我国陆地国界线、边境争议地区我方实际控制线或者外籍航空器飞入我国领空的(不含民用航空器沿国际航路飞行),由民用航空局商总参谋部、外交部审批。

(2)航空器越过台湾海峡两岸飞行情报区分界线的(不含民用航空器沿国际航路飞行),由民用航空局商总参谋部、国务院台湾事务办公室审批;飞入香港、澳门地区的,须先通过相关渠道征得香港、澳门特别行政区政府有关部门同意。

(3)航空器进入陆地国界线、边境争议地区实际控制线我方一侧10 km的(不含民用航空器沿国际航路飞行),由民航地区管理局商所在军区审批;越过我国海上飞行情报区的(不含台湾海峡地区和沿国际航路飞行),由民航地区管理局商所在军区空军审批,报相关军区备案。进入上述地区或越过海上飞行情报区执行森林灭火、紧急救援等突发性任务的,由所在飞行管制分区指挥机构(航管中心)审批并报军区空军备案。

(4)航空器进入空中禁区执行通用航空飞行任务,由民用航空局商总参谋部审批;进入空中危险区、空中限制区执行通用航空飞行任务,由民航地区管理局商军区空军或者海军舰队审批。

(5)凡在我国从事涉及军事设施的航空摄影或者遥感物探飞行,其作业范围由民航地区管理局商相关军区审批;从事涉及重要政治、经济目标和地理信息资源的航空摄影或者遥感物探飞行,其作业范围由民航地区管理局商相关省、自治区、直辖市政府主管部门审批。

(6)我与相邻国家联合组织跨越两国边境的航空摄影、遥感物探等通用航空飞行,由国土资源部商外交部、民用航空局、总参谋部提出意见,报国务院审批。

(7)外籍航空器或者外籍人员驾驶的我国航空器使用未对外开放的机场、空域、航线从事通用航空飞行,由民用航空局商总参谋部审批。

(8)中央国家机关有关部门、地方人民政府和企业事业单位使用军用航空器进行航空摄影(测量)、遥感物探,以及使用总参谋部直属部队航空器或者使用军区所属航空器跨区从事通用航空飞行的,由总参谋部审批。使用军区所属航空器在辖区内进行其他通用航空飞行的,由相关军区审批;使用海军、空军所属航空器进行其他通用航空飞行的,由海军、空军或者海军舰队、军区空军审批。

(9)国家组织重大活动等特殊情况下的通用航空飞行,按照国家和军队的有关规定要求审批。

《规定》明确:凡需审批的通用航空飞行任务,其航空器应当配有二次雷达应答机,或者备有能够保证操作人员与军民航空管部门沟通联络、及时掌握航空器位置的设备。

《规定》中还指出了两个"不允许":外籍航空器或者外籍人员单独驾驶的我国航空器,不允许在我国境内从事航空摄影、遥感测绘、矿产资源勘查等重要专业领域的通用航空飞行;无人驾驶航空器,不允许在国家重要目标和国家重大活动场所上空从事通用航空飞行。

从事无人机飞行活动的单位、个人在组织实施过程中,涉及上述情况的应参照执行。近年来,随着军队体制编制调整,《规定》中的"总参谋部"更名为"联合参谋部","军区""军区空军"更名为"战区""战区空军",其辖区范围也进行了相应调整,涉及军队审批的相关情况,一般由军队相应作战部门承办。

针对民用无人驾驶航空器系统飞行,民用航空局颁发的《民用无人驾驶航空器系统空中交通管理办法》(以下简称《办法》)指出:民用无人驾驶航空器仅允许在隔离空域内飞行。《办法》还对依法在航路航线、进近(终端)和机场管制地带等民用航空使用空域范围内或者对以上空域内运行存在影响的民用无人驾驶航空器系统飞行活动的准入条件提出了具体要求,并应通过民航地区管理局评审。

实践中无人机飞行任务审批以航空摄影、遥感物探飞行居多。部分大、中型滑跑式起降无人机一般将飞行场地选择在通用航空机场,签订机场使用协议。确需使用军用机场的,使用时间不超过1年的,由管理该机场的军级单位审批,超过1年的按现行有关规定办理审批手续。

(二)任务申请内容与时限

无人机飞行任务审批,通常由飞行任务执行单位向审批部门提出申请,提供飞行任务申请文件,内容包括任务性质、任务来源、执行单位、操控人员资质,无人机型号、飞控序列号、数量、实名登记标识和使用机场(临时起降场),作业时间和作业范围,以及其他需要特别说明的事项。

申请人应当至少提前13个工作日向审批机关提出申请,审批机关在收到申请后10个工作日内做出批准或者不批准的决定,并通知申请人。对执行处置突发事件、紧急救援等任务临时提出的飞行任务申请,审批机关应当及时予以审批。

对越出我国海上飞行情报区执行海上石油生产保障、海洋监测、海事巡航执法、海上救助勤务、海洋资源调查等飞行任务的审批,通常每年集中办理1次审批手续。

二、无人机飞行空域申请与审批

从事无人机飞行活动的单位、个人,根据飞行活动要求,需要划设隔离空域的,向有关飞行管制部门提出划设隔离空域申请。无人机飞行空域划设应当遵循统筹配置、灵活适用、安全高效原则,充分考虑国家安全、社会效益和公众利益,科学区分不同类型无人机飞行特点,以隔离运行为主、兼顾部分混合飞行需求,明确飞行空域的水平、垂直范围和使用时限。

(一)空域申请内容与审批权限

申请内容主要包括以下内容:

(1)使用单位或者个人。

(2)无人机类型及主要性能。

(3)飞行活动性质。

(4)隔离空域使用时间、水平范围、垂直范围,起降区域或者坐标。

(5)飞入飞出隔离空域方法。

(6)登记管理的信息等。

具体申请规范可参考本章样例1的格式及内容。

隔离空域的审批权限为:

(1)在飞行管制分区内划设的,由负责该分区飞行管制的部门批准。

(2)超出飞行管制分区在飞行管制区内划设的,由负责该管制区飞行管制的部门批准。

(3)在飞行管制区间划设的,由空军批准。

批准划设隔离空域的部门应当将划设的隔离空域报上一级飞行管制部门备案,并通报有关单位。

(二)空域申请审批时限

隔离空域申请,由申请人在拟使用隔离空域7个工作日前,向有关飞行管制部门提出;负责批准该隔离空域的飞行管制部门应当在拟使用隔离空域3个工作日前作出批准或者不予批准的决定,并通知申请单位或者个人。

隔离空域的使用期限应当根据无人机飞行的任务性质和需要确定,通常不得超过 12 个月。因飞行任务的要求,需要延长隔离空域使用期限的,应当报经批准该隔离空域的飞行管制部门同意。隔离空域飞行活动全部结束后,从事无人机飞行活动的单位、个人应当及时报告有关飞行管制部门,其申请划设的隔离空域即行撤销。

申请划设的隔离空域获得批准后,相关权限飞行管制部门出具批复文书,交代注意事项,签订飞行管制协议,并根据无人机飞行任务需要和飞行特点视情组织召开飞行管制协调会。已划设的隔离空域,经飞行管制部门同意后,其他单位或者个人也可以使用。

(三)无人机禁飞区解禁

为维护公共空域的安全秩序,部分无人机生产厂商根据国家或省、区、市的相关管理政策,通过地理围栏系统在机场净空保护区、铁路沿线 500 m 范围内、军事单位及政府机构上空等区域设置了禁飞区。在未解禁的情况下,无人机将无法在禁飞区内飞行,操控 App 提示禁飞,地图显示为红色。

若无人机因执行救援、消防、电力巡线或航拍作业等任务,必须要在禁飞区域内飞行,可通过无人机生产厂商网站、客服申请解禁。解禁前,应首先取得相关飞行管制、公安或民航等部门的批准文书(见样例 2)。解禁流程可概括为三个步骤:

(1)准备必要的解禁资料。

(2)通过网站、客服申请解禁证书。

(3)将解禁证书导入操控 App。

三、无人机飞行计划申请与批复

从事无人机飞行活动的单位、个人实施飞行前,应当向当地飞行管制部门提出飞行计划申请,按照批准权限,经批准后方可实施。

(一)飞行计划申请内容

无人机飞行计划申请应当包括下列内容:

(1)组织该次飞行活动的单位或者个人。

(2)飞行任务性质。

(3)无人机类型、架数。

(4)通信联络方法。

(5)起飞、降落和备降机场(场地)。

(6)预计飞行开始、结束时刻。

(7)飞行航线、高度、速度和范围,进出空域方法。

(8)指挥和控制频率。

(9)导航方式,自主能力。

(10)安装二次雷达应答机的,注明二次雷达应答机代码申请。

（11）应急处置程序。

（12）其他特殊保障需求。

飞行计划申请规范可参考本章样例 3 的格式及内容。

(二)飞行计划批复权限

无人机飞行计划按照下列规定权限批准：

（1）在机场区域内的，由负责该机场飞行管制的部门批准。

（2）超出机场区域在飞行管制分区内的，由负责该分区飞行管制的部门批准。

（3）超出飞行管制分区在飞行管制区内的，由负责该区域飞行管制的部门批准。

（4）超出飞行管制区的，由中国人民解放军空军批准。

(三)飞行计划申请与批复时限

无人机飞行计划申请应当在拟飞行前 1 日 15 时前向所在机场或者起降场地所在的飞行管制部门提出，飞行管制部门应当在拟飞行前 1 日 21 时前批复。

使用无人机执行反恐维稳、抢险救灾、医疗救护或者其他紧急任务的，可以提出临时飞行计划申请。临时飞行计划申请最迟应当于起飞 30 min 前提出，飞行管制部门应当在起飞 15 min 前批复。

无人机在隔离空域内实施飞行活动的，可以在申请划设隔离空域时一并提出 15 天以内的短期飞行计划申请，不再逐日申请。但是每日飞行开始前和结束后，应当及时报告飞行管制部门。

在分区集中管理空域运行模式下，机场管制区内组织实施的飞行活动，通常审批权限也在分区飞行管制部门。无人机飞行计划一般以电话、传真的方式或通过通用航空服务网站，报至机场飞行管制部门及其他相关单位。

四、无人机飞行动态报告与管控

无人机飞行通常划设在隔离空域内，飞行管制部门通过限制其他航空器的进入以规避碰撞风险。由于无人机飞行高度一般较低，雷达反射面较小，空情态势不连续，所以更加需要无人机飞行组织实施的单位或者个人精准掌握无人机位置、高度等信息，及时报告飞行动态，以便飞行管制部门更好地进行管控调配。

申请并获得批准的无人机飞行计划，组织该次飞行活动的单位或者个人应当在无人机起飞前 1 h 向飞行管制部门报告计划开飞时刻和简要准备情况，经放飞许可方可飞行，起飞后及时通报；飞行中实时掌握无人机飞行动态，保持与飞行管制部门通信联络畅通；严格按照批准的空域(航线)范围、高度组织飞行；飞行结束后，及时报告飞行实施情况。

无人机飞行实施过程中，偏离已建立或批准的空域和高度，或出现无人机失控等情况时，应立即向相关飞行管制部门报告位置高度、速度和故障性质及处置措施，以便飞行管制部门及时组织其他航空器进行避让，协助无人机处理，必要时组织局部净空。

在组织实施无人机飞行过程中，因天气、人员、机械故障等原因，需暂停或提前终止飞行活动时,无人机飞行组织实施单位或者个人应及时将相关情况向飞行管制部门报告;具备再次起飞条件时,应提前和飞行管制部门联系,取得飞行许可后,方可继续组织实施。

无人机飞行过程中,因军航战斗起飞、民航航班绕飞等其他情况发生临时用空矛盾时,无人机飞行组织实施单位或者个人应严格按照飞行管制部门的指令、要求,按时限调整无人机飞行高度、范围或提前返场着陆,服从管控调配;待用空矛盾消除后,按照飞行管制部门的指令,恢复正常飞行。

无人机飞行组织实施流程如图 6-1 所示。

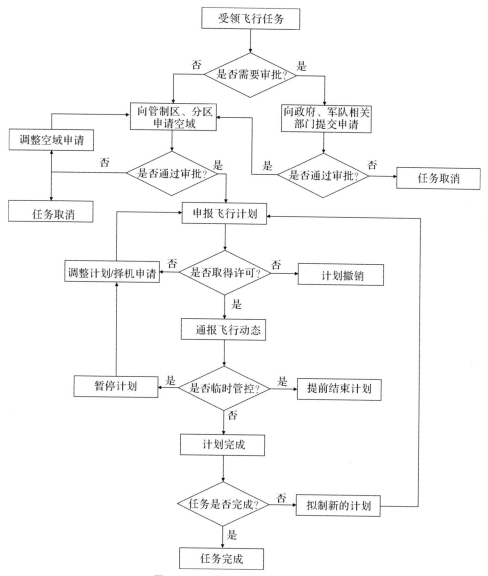

图 6-1　无人机飞行组织实施流程

样例 1:隔离空域申请

陕西省××电力勘测设计有限公司

关于使用隔离空域组织无人机飞行的请示

中国人民解放军 96×××部队航管气象科:

依据陕西省电网"十三五"规划,为解决西安市×××问题,提高×××,我公司将要开展×××工作,需要组织无人机航拍测量,现提出隔离空域使用申请。

1.飞行任务性质

地形测绘。

2.航空器型别、架数

复合翼垂直起降无人机 V10 型 1 架或复合翼垂直起降无人机 V100 型 1 架。

3.飞行时间

2022 年 07 月 30 日 08 时至 2022 年 08 月 09 日 16 时每日适情组织实施两个小时。

4.驾驶员(飞手)信息

驾驶员:张三,国籍:中国。

5.起降场地及空域范围

以 E118°23′34″N32°27′54″为起降场地,半径 7 000 m,真高 400 m 以下范围内的圆形空域。

6.安全措施及应急预案

起飞前检查起飞场地是否有其他人员,将人员疏散至起飞场地 20 m 以外;检查无人机起飞场地上空是否有遮挡物,确保上空空旷;无人机起飞和降落位于同一位置,误差不超过 2 m;若无人机突然失控,地面站可以通过一键返回装置,将无人机收回降落。

7.附件

(1)飞行任务批准书;

(2)公司营业执照;

(3)法人身份证明;

(4)无人机驾驶员执照;

(5)无人机照片及技术参数;

(6)作业区示意图。

陕西省××电力勘测设计有限公司

2022 年 07 月 16 日

承办单位:陕西省××电力勘测设计有限公司

联系人:×××　　　　　　　　联系电话:153××××××××

样例 2：禁飞区解禁

无人机禁飞区解禁审批表

单位/个人信息：

申请单位	××市××公司/张三	联系电话	138××××××××	联系人	张三
承飞单位	××市××公司	联系电话	138××××××××	联系人	张三

飞行器信息：

序号	机型	飞控序列号		APP 登陆账号
1	Mavic3	1641F45TB21AR1AE9837		136×××××××/hangkog@163.com
2				
3				

解禁信息：

解禁区域中心坐标	纬度（WGS84）	N32°27′54″	解禁区域半径	5 000 m
	经度（WGS84）	E118°23′34″	飞行高度	真高 300 m 以下
解禁地址	××市××区××街道		飞行开始时间	20××年　××月　××日起
申请解禁详细目的	市政房屋检修		飞行结束时间	20××年　××月　××日止

审批记录：

申请单位审核意见	申请单位的盖章（个人无需盖章） （盖章） 　　年　月　日 审核人： 联系电话：	承飞单位审核意见（如与申请单位不同）	承担飞行活动的单位盖章（个人无需盖章） （盖章） 　　年　月　日 审核人： 联系电话：
管理部门审批意见（公安/民航/军航等）		当地军航、民航或公安等任一机构批准飞行的函或或文件（任一部门盖章即可） （盖章） 　　年　月　日 审核人： 联系电话：	

样例 3:飞行计划申请书

无人机飞行计划申请书

飞行单位	××××公司		
机型	V10 或 V100	架数	1
机长(飞手)	张三	计划时间	2022－××－××
起降方式	垂直	平台构型	固定翼
起飞时刻	08:00	降落时刻	11:00
飞行任务	测绘	气象条件	风速不大于 8 m/s
起降场地	×××镇水泥地面起降场 (122.073 46 E,34.832 73 N)		
空域范围	以起降场(122.073 46 E,34.832 73 N)为中心,半径 7 km,真高 400 m 以下范围		
联系人	王五	联系电话	158××××××××
其他事项	1.此计划申请表于飞行前一日 16 时前传真至××分区; 2.组织飞行期间,确保通信联络畅通		
通报单位	××民航机场飞行管制室		
备注	常备计划:××月××日至××月××日; 二次雷达应答机代码:A1234。		

第七章　无人机飞行活动规范体系架构

一、发达国家无人机飞行活动管理规范体系架构分析

发达国家综合利用多种途径对无人机进行规范管理,其无人机管理的规范体系有法律、法规、规章、标准和政策等构成。通观发达国家无人机管理的规范体系可以发现,发达国家无人机管理规范体系架构具有如下特征。

(一)单行专门立法与一般性立法相结合

无人机作为无人驾驶航空器的一种,同有人驾驶航空器一样,都属于航空法调整的航空器,因此除非法律明确规定该法律不适用于无人驾驶航空器,或者该法律制定的背景和上下文明确显示该法律不能适用于无人驾驶航空器,那么一般性的立法对无人机也具有法律效力。

各国专门针对无人机的立法基本都是考虑到无人机的特性和需求。例如美国制定的《关于无人机在国家空域系统运行的通告》《无人机系统运行临时审批指引》《空中交通组织、无人机项目飞行标准办公室关于无人机系统操作的安全评估与审计通告》等专门立法同《联邦航空法》和其他航空法规一起作为一个规范体系对无人机进行有效管理。

(二)强调规范制定规划的协调

美国、北约组织成员国和欧盟在制定无人机管理相关规范时不仅注重国内不同法律、法规、规章和标准规划的协调,而且注重地区组织成员国之间的协调。这种协调不仅节省了规范制定的资源,便于规则的统一和贯彻落实,而且为无人机的研发、生产、销售、使用和管理提供了较为统一的规则,为无人机在更大范围,包括跨越国界的应用和飞行奠定了基础。

(三)重视技术性标准的作用

标准同法律紧密联系,法律是制定标准的依据,标准是贯彻落实法律的具体措施。标准不仅是推动体制改革的最强有力的抓手,也是统筹协调科研力量,加快科技创新,提高技术设备水平的制度支撑。美国、法国、英国等航空强国不仅国内航空标准体系完备,军民航协调统一,而且在相当大程度上决定和影响着国际航空标准的制定,因而不仅能够在国际航空设备和技术研发中占领先机、占据主动,在航空设备和技术领域长期保持优势,而且也有助于其航空工业整体优势地位的巩固以及空防安全的实现。

我国空管之所以在国际合作中的主导性不够,核心原因之一就是我国航空法规标准建

设自主性弱,统筹协调不力,尚不具备向国际民航组织和各个成员国推荐、介绍我国制定或者主导制定的航空法规标准,并据此引导国际航空条约、标准发展方向的条件。作为国际民航组织的Ⅰ类理事国,一方面,我国必须树立负责任的航空大国形象,遵循国际规范,采纳国际民航组织制定的标准,尽量采用建议措施。另一方面,必须在国际合作中加强我国的航空法规标准建设,在构建并形成覆盖全面、配套齐全的航空法规标准体系的同时,把握未来国际航空科技的发展方向,参与并引领国际航空条约、标准的制定。

(四)规范具有阶段性特征

由于无人机的快速发展,有关无人机管理的手段、方法等也都处于不断的摸索之中,一定阶段制定的管理规范虽然能够适应该阶段的技术发展和管理需要,但是否能够长期适应无人机技术的进步还不确定。国外发达国家虽然制定了有关无人机管理的相关规范,但是其规范不仅以建议性标准和措施为主,而且除了确定管理机构管理职责的相关规范外,其他的规范,特别是技术规范的法律效力比较低,这就为相关规范的不断更新奠定了基础,有效规避了由于管理规范滞后影响、限制无人机研发、生产、应用的可能性。

(五)强调无人机与有人机管理的协调

在相当长的一段时期内,有人机还是航空活动的主体,也是各类航空规则主要调整的对象,各国无人机管理立法的出发点必然是如何在不对现行以有人机为主体的飞行环境造成冲击的情况下,尽可能加强无人机应用的空间和频率,相应的各国无人机管理立法也体现出明显的无人机与有人机管理相互协调的倾向。这是由立法的时代背景所决定的。

(六)强制性规定与建议性做法相互结合

由报告前文所列明的国外无人机管理规范的名称可知,国外无人机管理规范中有相当数量的推荐性标准、指南和建议,这些规范并不具有法律上的强制执行力,不遵守相应的规定并不必然违反法律规定,但是这些建议性的指南、标准表明了行业的共识或者政府鼓励发展的方向,通过这种非强制性的指导和引领,客观上达到了规范无人机生产、研发和应用的目的,这既体现了管理机构的审慎态度,也体现了一种新型的弹性的管理理念和方法,值得借鉴。

二、我国无人机飞行活动管理规范体系架构设计

我国无人机管理的规范架构应当是一个综合全面的体系,其调整内容应当包括以下几方面。

(一)研发、生产与维修类

当前,研发、生产、制造和维修缺乏有效管理是造成无人机管理混乱和形成安全隐患的源头,为从源头上加强管理,建议对一定类别或者满足一定条件的无人机的研发、生产建立准入制度,同时将部分无人机列入适航审定的范围,未通过适航审定或者认可并取得适航证,不得飞行。

(二)市场销售管理类

无人机及其零部件的销售缺乏监管也是造成或者加重无人机监管混乱的因素。如果经

调研证明切实可行,建议对部分类别无人机及零配件的销售或者代理机构实行审批或者备案制,同时要求销售或者代理机构定期向无人机管理机构或者国家安全管理部门报备无人机及其零部件销售信息。

(三)国籍与权利登记类

对于部分类别的无人机建立其国籍登记和权利登记制度,特别是要求建立国籍登记制度,并且要求只有获得适航许可,取得国籍登记证书并展示登记标志方能飞行。这样既便于管理机构掌握无人机在用信息,为事故追查提供线索,也有助于增强无人机应用机构的责任意识。

(四)人员执照类

虽然除可选驾驶航空器外,无人机飞行中。并无人员在航空器内控制航空器,但无人机的飞行仍然是在人为因素作用和影响之下的飞行。无人机的机组人员是否经过培训,并经考核持证上岗仍然是影响无人机飞行安全的核心要素之一。当前,完整有效的无人机驾驶员、操控员和其他相关人员的教育培训和考核体系的缺失也是导致我国无人机管理混乱和事故发生的原因之一。建议建立完整同无人机驾驶、操控和任务管理相关的人员教育培训和考核体系,并设定符合我国国情和未来无人机应用发展的无人机驾驶、操控人员持证上岗制度。

(五)空中交通管理类

空中交通管理是无人机管理和保障飞行安全的核心,是无人机管理规范体系的核心之一。借鉴国外经验,同时结合我国国情,建议在空中交通管理方面,对无人机的空域使用,飞行计划的申请与批准,通讯、导航、监视设备及其他保障要求以及飞行中特殊情况的处置等做出规范,在保证有人机安全飞行的前提下为无人机的飞行提供更为宽松便利的环境。

(六)飞行安全和事故与事故征候调查类

以有人机的飞行安全和事故与事故征候调查相关制度为基础,结合无人机的特点,建立无人机的飞行安全管理制度和事故及事故征候调查程序规范,为防范风险,总结教训,惩罚事故责任人等提供法律依据。

(七)综合管理类

针对无人机管理中的其他综合性的问题,结合实际需要和立法时机适时制定并颁布相应的综合管理类规范。

三、无人机管理立法的指导思想、基本原则与价值取向

(一)无人机管理立法的指导思想

无人机空管立法的指导思想是对整个无人机管理立法活动起指导作用的根本思想准则和理论依据。

为促进无人机的研制、生产和应用,提高我国装备制造水平,保证航空安全和效率,无人机管理立法的指导思想应当体现以下方面。

1.实现可持续发展

制定无人机管理相关规范时一定要确保短期行为与长期规划之间的协调,兼顾无人机的发展和有人机的应用安全,确保有了更多无人机飞行的航空事业依然可以实现长期、科学可持续发展。

2.前瞻性与可操作性相结合

无人机管理规范的制定要根据现有的法律、法规、国家方针政策,技术现状和发展趋势,科学地做出合理预测,使相关管理规范体现包容性和前瞻性,不仅能承继优良传统,又能有所创新;不仅能解决一时一地的问题,而且在可以预见的将来能够解决不断出现的新问题;使其不因环境状况的不断变化而过于频繁的修订,保持无人机管理的稳定性和连续性,实现法制的统一。

3.协调性与整体性相结合

无人机管理立法应注意与政治体制改革、经济体制改革、航空体制改革的关系。每项无人机管理规范的出台,都必须考虑对政治、经济、航空及其他方面的影响,要有整体性。因此,在进行无人机管理立法时,要从全面发展航空的实际需要和可能的条件出发。立法互相配套、互相衔接、协调一致,区别轻重缓急,全面考虑、统筹安排,绝不能就事论事,片面强调一面,应该把这项工作放在政治、经济、航空体制改革的大系统中去考虑,这样才能避免片面性,使无人机管理规范的制定与整个改革进程和社会发展相适应。

(二)无人机管理立法的价值取向

无人机空管立法的价值取向同无人机管理立法的基本原则具有相通之处,二者是对同一事项的阐述角度。

根据《中华人民共和国立法法》第4、5、6条的规定,目前我国立法的基本原则包括三项:法治原则、民主原则和科学原则。无人机管理立法也必须遵循上述三项基本立法原则。不过,无人机管理立法还有其自身独有的基本立法原则和价值取向,具体包括以下几方面。

1.审慎

无人机管理立法不能轻率、盲目地以发展法、促进法的姿态来进行,必须审慎选择立法的原则、主张,立法之前对正负面效应进行充分的估计和客观的评价,并把它们划归为不同的级别,进而采取不同的立法对策。

2.统一

无人机管理立法要认真疏理已有的航空部门法的相关法律规范,确保在无人机管理的部门法体系中不出现相互矛盾的法律规范,保证立法的统一性。同时,在完成立法工作后,要明确部门法体系的效力层次,及时做好对配套法规的制定、修改和清理工作,维护不同级别管理规范的统一。

3.平衡

《中华人民共和国立法法》第6条明确规定:"立法应当从实际出发,科学合理地规定公民、法人和其他组织的权利与义务、国家机关的权力与责任。"无人机管理立法要平衡兼顾管理者与被管理者的不同利益,无人机和有人机发展的不同要求,以及安全、效率与创新之间的关系,争取实现平衡、协调。

4.安全

安全是法律追求的基本价值之一。霍布斯有句名言:"人民的安全是至高无上的价值。"安全包括人类生存的安全、国家安全、社会秩序与个人生活的安全等。无人机管理立法要认真总结航空安全管理中的成功经验,在实践中证明行之有效,并且将符合相关公约要求的安全保障手段纳入法律规定中,通过规范对无人机的管理,提高安全系数,从根本上保障我国航空安全形势。

5.国际趋同

目前,在对无人机的管理上,国际上特别是一些发达国家已经建立了一套较为完善和科学的管理模式和做法,其中一些做法已经通过国际公约或区域性协定的形式被确立下来,在制定无人机管理规范的过程中,要认真研究相关内容的国际通行做法,结合我国实际,做好对相关国际公约和协定的衔接,为提高我国航空的管理标准提供法律保障。

四、无人机飞行活动管理条例的框架内容

通过对无人机飞行管理条例的价值取向和指导思想分析,根据无人机发展的需要,结合国内外相关航空法规体系和框架,我国无人机管理活动管理的框架和内容为:

第一章　总则立法目的和依据
> 适用范围
> 无人机飞行主管机构
> 无人机飞行管理的基本原则
> 依法从事无人机飞行活动的要求
> 无人机飞行管理奖励制度

第二章　飞行空域的划设与使用
> 无人机飞行空域使用许可制度
> 无人机飞行空域划设原则
> 无人机飞行空域划设要求
> 无人机飞行空域划设方法
> 无人机飞行空域划设的批准权限
> 无人机行空域划设的审批时限
> 无人机飞行空域使用要求
> 无人机临时飞行空域的划设申请
> 无人机临时飞行空域的批准权限

第八章　法律责任

➤ 一般规定

➤ 违反无人机飞行空域使用要求的处罚

➤ 违反无人机飞行活动的审批制度的处罚

➤ 违反无人机飞行活动的组织实施规定的处罚

➤ 违反无人机操控人员规定的处罚

➤ 违反无人机飞行保障规定的处罚

➤ 治安管理处罚与刑事责任

第九章　附则

➤ 名词解释

➤ 生效时间

第八章　基于当前环境的无人机飞行管理构想

一、我国无人机发展现状

近年来,无人驾驶航空器广泛应用于军事、民用以及科研领域当中,当前我国从事与无人驾驶航空器行业相关的单位约有 1.15 万家,其中规模较大的企业有 1200 家左右,涵盖研发、制造、销售和服务一系列产业。2021 年,全球无人驾驶航空器市场规模引约为 225 亿美元,其中军用市场约占 65％,民用市场约占 55％。与国外市场结构不同,我国无人驾驶航空器以军用为主,军、民用产值比在 2022 年底约为 6∶4,不难预测,我国个人使用的消费机销量将持续攀升,市场前景十分广阔。然而,在无人驾驶航空器产业大力发展的同时,也带来诸多问题。

1.生产制造行业混杂

众所周知,我国是制造业大国,无人驾驶航空器制造技术分为飞行器本体的研发和无人驾驶航空器飞行控制系统,这两项技术中国制造业都走在世界前列,除了军工企业外,在民用无人驾驶航空器市场上也涌现出大疆、亿航、极飞等知名企业。由于国家还没有权威的研发、制造和设计标准,目前企业都各有各的标准,产品鱼龙混杂,质量参差不齐,另外多数生产企业原是从事航模、有人机制造的,无人驾驶航空器研发经验不足、资源浪费严重、产品性能不良等问题层出不穷。

2.销售渠道监管不力

据统计,2022 年中国无人机市场规模约为 45 亿美元,预计到 2025 年达到 66 亿美元。从销售渠道来看,民用领域的无人驾驶航空器,大疆、亿航等知名品牌已经在电子商城出售,价格从几百元到几十万元不等,成为公众日常消费的电子产品。但是仍然有一些中小厂商的销售渠道不够正规,或者存在贩卖"三无"产品、"山寨"产品的现象,导致消费者的权益无法得到保障,尤其是线上购物渠道,缺乏销售登记制度,让市场监管变得十分困难。

3.不安全事件频频发生

无人驾驶航空器违法违规飞行,造成的安全隐患可概括为以下几方面:与有人飞机或其他交通工具、公共设施相撞;运送货物掉落或机体故障掉落;扰乱公共秩序;利用无人驾驶航空器进行袭击甚至恐怖袭击;航拍无人驾驶航空器窥视带来隐私危机;运毒新手段等[2]。其中,对民航安全的威胁是最显而易见的,因为任何升空物如果与航空器相撞或被吸入航空器发动机,都可能造成机毁人亡的严重后果。近两年,在北京、上海、深圳、武汉、杭州、昆明、成都、重庆、西安等地,多次发生无人驾驶航空器违法违规飞行,影响民航运行的事件,特别是成都地区,仅2022年4月中旬至5月初就连续发生8次无人驾驶航空器扰航事件,其中6起影响航班运行,造成138架次航班返航备降。

此外,无人驾驶航空器行业管控现状依旧是有所缺漏,相关法规标准建设不完善、各管理部门职责分工不明确、无人驾驶航空器用户法律意识淡薄。因此,不论是从保障航空安全角度,还是从推进航空发展角度,对无人驾驶航空器飞行管理必须加强关注。

二、当前无人机飞行环境

(一)无人驾驶航空器法规标准

法律制度方面,迄今为止,空军颁布《无人驾驶航空器飞行航空管制规定(暂行)》,公安部发布《警用无人驾驶航空器管理暂行规定》,民用航空局制定的规范性文件包括咨询通告主要有《民用无人驾驶航空器系统空中交通管理办法》《轻小型无人驾驶航空器运行规定(试行)》《民用无人驾驶航空器驾驶员管理规定》《民用无人驾驶航空器实名制登记管理规定》。可以看出,我国的无人驾驶航空器法规体系的大框架已经建成,但具体还缺乏对于无人驾驶航空器违规处置的法律,以及无人驾驶航空器使用空域的管理规定等。不论哪个行业,无法可依是一切秩序混乱的根源,应当加快补充完善无人驾驶航空器法规体系,避免不法分子"钻空子"。

无人驾驶航空器标准方面,由于无人驾驶航空器领域的标准化工作起步较晚,目前我国已颁布的无人驾驶航空器专用指导性文件只有30项,包括试验、遥测遥控、发射回收、动力等方面,覆盖领域非常不全面,其中对无人驾驶航空器研制生产的规定较少,并且这些文件大多从整体要求考虑,缺少具体性,由此可以看出,我国还没有形成完整的体系来规范无人驾驶航空器产品标准。

(二)无人驾驶航空器监管机制

1. 监管部门

无人驾驶航空器涉及生产、销售、飞行者资质、事后处罚等环节,而涉及的监管部门众多,有公安部门、工商部门、体育部门、安全监管部门、民航部门、气象部门、军民航空管部门等。行业主管部门包括中国民用航空局及中国民航地区管理局,行业协会包括中国航空运输协会(简称"中国航协")、中国航空器拥有者及驾驶员协会(Aircraft Owners and Pilots Association ,AOPA)等。

中国民用航空局作为民用无人驾驶航空器的主管部门,目前已经落实无人驾驶航空器实名登记制度,以及发布了民用机场保护范围数据,并且正在制定使用无人驾驶航空器开展通用航空经营活动准入管理规定,针对发展的特点和需求,拟将部分经营项目列为许可对象。其中,国家空管部门理应发挥至关重要的作用,加强对无人驾驶航空器设计、生产、维修和飞行一系列过程的监管;积极办理拥有无人驾驶航空器的个人、企业从事无人驾驶航空器飞行活动的许可申请,安全实施空中交通管理和空中应急处理,从严查处违法违规飞行。

2.监管平台

随着信息技术和大数据发展,无人驾驶航空器监管进入"云"监管时代,云技术下的无人驾驶航空器即时空管服务,为用户提供及时、准确的无人驾驶航空器飞行计划报备、飞行情报通报、飞行数据监视、告警等服务,无人驾驶航空器飞行时所有动作变化,包括航迹、高度、速度、位置、航向等都会被实时纳入云数据库并存储。目前已经有三家云平台为无人驾驶航空器提供服务,包括 U-Cloud(Unmanned Machine Cloud Platform,无人机云平台——优云)、U-care(无人机云平台——优凯)和 GEO(Geospatial Environmant Online,无人机飞行安全系统),这些平台将为空域安全和监管提供有力保障,使监管者能够确保飞行安全。据统计,2022 年共计实现 5.48 万架次无人驾驶航空器飞行、跟踪管理。但是,由于无人驾驶航空器监管行业是新兴市场,部分功能还不够成熟,在用户接入价格高昂、空域申请流程模糊以及受法律政策干扰大等方面仍然存在缺陷。与此同时,无人驾驶航空器登记注册平台、经营管理平台和监管运行平台也正在开发。但是,仅靠这些平台仍远远达不到全面有效地监管,应当通过加大无人驾驶航空器法规政策宣传力度,鼓励群众互相监管,实施举报违规飞行奖励机制等措施强化管理。

(三)无人驾驶航空器飞行空域

对于无人驾驶航空器飞行的专用空域,还没有具体明文规定,仍按照通用航空使用空域要求执行。无人驾驶航空器飞行目前采用划设临时隔离空域的方法,遵循预先申请后使用、使用后撤销的原则,并且申请内容应包括使用空域的范围、时间、任务等,以避免与有人驾驶航空器在同一空域飞行。

但现有的划设隔离空域办法对无人驾驶航空器的种类有限制,例如中远程无人驾驶航空器飞行很难避开有人机,一些校飞试验机也没有专有场地,除此之外,由于无人驾驶航空器不飞行时,同样长时间占用空域资源,空域的使用效率非常低下。

(四)无人驾驶航空器人员管理

无人驾驶航空器应用于各个领域,使用人群也呈现多样化,不仅有个人用于娱乐、竞技等活动,还有单位用于航拍、电力、农业、测绘等作业。这些与无人驾驶航空器飞行相关的人员属性不一,涵盖不同年龄段、不同社会阶层,根据无人驾驶航空器的类型、从事无人驾驶航空器飞行的地点等因素又可以区分不受管辖、重点管辖和适当管辖的人员。

中国航空器拥有者及驾驶员协会 2004 年经国务院批准在民政部注册,由民用航空局主管。该协会是国际航空器拥有者及驾驶员协会(International Aircraft Owners and Pilots Association,IAOPA)的国家会员,为中国(包括台湾、香港、澳门)当前唯一的航空器驾驶员资格认证管理机构,颁发"无人驾驶航空器驾照"。目前民航局认可的 200 多家无人驾驶航空器操控人员培训机构,核发了 14 000 多个无人驾驶航空器驾驶员合格证,形成了一定的规模。在开展人员教育和培训等方面,应当根据无人驾驶航空器种类、用途,开设各种形式的无人驾驶航空器飞行资格培训班,或者授权其他教育机构开设课程,目的是丰富无人驾驶航空器驾驶员理论知识、加强航空法规教育、强化无人驾驶航空器驾驶员飞行实践。

(五)无人驾驶航空器管控技术

目前民航空管的监视手段多采用一次雷达和二次雷达,ADS－B 自动相关监视技术也在逐步应用,一次雷达对于低、慢、小航空器的监视力度不够,二次雷达需要航空器上装备应答设备,但并不适用大多数无人驾驶航空器。无人驾驶航空器机载传感器的视野较为狭窄,导致其环境感知力较差,由于易受信号干扰、数据传输有时间延迟,所以地面操作员往往无法及时察觉空中情况,空管部门也没有无人驾驶航空器的监视手段,这也给空中交通管理带来了挑战。

除此之外,大多无人驾驶航空器也没有安装"空中防撞系统"(TCAS),无法通过信号询问/应答的方式来对周边空域保持监测,并且无人驾驶航空器在自主飞行时不能依靠 TCAS 系统来防止相撞,因此,目前已经提出对无人驾驶航空器自主感知-避让系统的研究,期望能够探测正在逼近的各种飞行器和其他障碍物,并通过飞行控制系统强制无人驾驶航空器进行合理的规避动作,以确保不会发生空中碰撞事件。

全球定位系统(GPS)/惯性导航(INS)组合的导航方式,被当前大多数无人驾驶航空器所采用,因此地面操作员能否准确掌握自己的无人驾驶航空器位置完全取决于导航性能,这对导航系统定位精度的要求很高。随着我国北斗卫星导航系统(BeiDou Navigation Satellite System,BDS)建设的逐步推进,未来我国无人驾驶航空器系统将有更多的选择性,有望建成以北斗卫星导航系统为依托的空中交通网络。

三、国外无人机飞行借鉴

纵观国外无人驾驶航空器的发展历程,美国和欧洲的无人驾驶航空器系统应用一直走在世界前列,其民航局已经发布的无人驾驶航空器管理规定具有很高参考价值。总体而言,目前国外对于民用无人驾驶航空器的监管也是刚刚进入规范管理阶段,处于不断的摸索完善中,而无论从法规标准还是飞行管理现状来看,我国与欧美国家之间还是存在差距。

(一)国外无人驾驶航空器空域管理经验

目前美国和欧洲无人驾驶航空器空域管理主要采用划定隔离空域的方法来保证安全。在美国本土,联邦航空局规定无人驾驶航空器只能在限定的空域内(都在 18 000 ft 以下)飞行,某些情况下允许无人驾驶航空器在管制员连续的雷达监控下在 18 000 ft(5 487 m)以上飞行;但是无人驾驶航空器高空飞行时必需有一架"伴随巡逻"的有人飞机目视跟踪监视无人驾驶航空器的飞行,以向其操控人员提供"看见并规避"的安全保障。澳大利亚存在大量空域供无人驾驶航空器运行使用,并且目前澳大利亚有若干关于无人驾驶航空器和有人驾驶飞机同时安全有效利用空域的项目,如自动管理隔离系统,避让活动或静止障碍物的监测、避让系统等。

为了能更广泛地使用无人驾驶航空器,美国和欧洲很早就开始研究如何将无人驾驶航空器整合到统一的空管系统当中,让无人驾驶航空器和有人机使用统一的空域。欧洲航行安全组织在 2007 年 12 月公布了军用无人驾驶航空器与民用飞机共同使用空域时对无人驾驶航空器的要求。美国国防部和联邦航空局近年来也制订了《无人飞行系统空域融合计划》,明确了近、中、长期实施方案,最终目的要使国防部的所有无人飞行系统能像有人驾驶飞机一样在国家空域内正常飞行。这些对我们同样有参考价值。

(二)国外无人驾驶航空器分类监管经验

FAA 从运行角度,将无人驾驶航空器用途分为三类,即公共运行、民用运行和航模运行,对于三种模式制定了相关规定。

(1)公共运行,也称政府性运行,应用于执法调查、抢险救灾、训练飞行、非战争军事行动等任务,采取授权或豁免证书(Certificate of Airworthiness,COA 适航证书)来批准运行。要求不能在人员密集区并在可视范围内活动。

(2)民用运行,也称非政府性运行,应用于科研、商业、农业、电影和视频制作等领域,采取 COA 认证或特殊适航证 SAC(Special Airworthiness Certificate,特许适航证),申请人认证时应提供无人驾驶航空器系统的相关情况,包括设计、应用、飞行空域等。

(3)航模运行,主要针对购买航空模型用于娱乐的个人玩家。其定义为:飞行高度低于122 m,质量低于 55 pd(约 25 kg),周围无障碍物,无密集人群,运行始终在可视范围内,与有人航空器运行保持足够距离并不对其产生干扰,未获机场塔台批准不能飞入机场 5 mile(约 8 047 m)范围内区域。该类型的无人驾驶航空器运行可不获 FAA 批准。

英国民航局(UK Civil Aviation Authority)已经将个人操作无人驾驶航空器纳入监管体系中,并将无人驾驶航空器大致分为商业用途和个人使用两类来进行分类管理。对于商业用途无人驾驶航空器,需要获得 CAA 的许可并购买意外保险,无人驾驶航空器操作员也需要符合相应安全标准。欧盟对于无人驾驶航空器的政策被认为是最鼓励商用无人驾驶航空器的发展,例如在芬兰,政府允许无人驾驶航空器在操作人员视线外飞行,并允许无人驾驶航空器操作员无须证照即可“上岗”。而在澳大利亚,商用无人驾驶航空器目前仍需注册,但是商用无人驾驶航空器每次运输货物质量在 2 kg 以内,操作人员无须证书或申请澳大利亚民航局审批。在新西兰,无人驾驶航空器送货开展得更早,新西兰地广人稀的特点有利于无人驾驶航空器落地送货。但是,诸如纽约这种大城市,放开无人驾驶航空器送货无疑面临更大的风险,因此美国 FAA 并没有对商用无人驾驶航空器做出明确规定,目前美国本土市场缺乏针对无人驾驶航空器送货的相应管理措施。

(三)国外无人驾驶航空器适航标准与资格认证制度借鉴

1. 无人驾驶航空器适航认证

适航认证作为无人驾驶航空器运行管理的重要组成部分,在各国的无人驾驶航空器管控规章制度中都有所体现。美国联邦航空局将有人机的标准经过裁剪,变为无人驾驶航空器适航标准,标准分类三级:1 级标准要求无人驾驶航空器严重事故率低于每 100 000 小时1 次;2 级标准要求无人驾驶航空器严重事故率低于每 10 000 小时 1 次,2 级是携带武器无人驾驶航空器的最低要求;3 级要求严重事故率低于每 1 000 小时 1 次。

北约对无人驾驶航空器的适航管理分为 3 类。Ⅰ类无人驾驶航空器起飞质量小于 150 kg,须在 G 类空域内飞行,最大飞行高度不能超过真高 365 m。通常限制在视距内飞行,但仍须通过适航和飞行员资格审查等;Ⅱ类无人驾驶航空器是执行特定任务的非标准无人驾驶航空器,必须提供通过适航和飞行员资格审查的相关证明,可在某些特定限制下飞行;Ⅲ类无人驾驶航空器具备在所有空域飞行的能力,要遵守所有的空管法规,并应具备感知和避让能力。

2. 无人驾驶航空器标准体系

欧美国家采用的军民用无人驾驶航空器标准主要有以下几类。

(1)美国 ASTM(American Society for Testing Materials,ASTM)协会标准。该协会中有专门关于"无人驾驶航空器"的分组织,目前制定的标准有《无人驾驶航空器发现与规避系统的设计与性能规范》《无人驾驶航空器系统设计、制造和测试标准指南》《无人驾驶航空器系统标准术语》《无人驾驶航空器飞行员和操作员的发证和定级》等。

(2)美国军用标准。此标准包括《液体火箭发动机弹射式发射器》《火箭和靶机降落伞回收系统设计通用设计要求》《动力推进的空中靶机的设计和制造通用规范》《MA-1 型靶机飞行控制系统》等。

(3)英国国防部防御系列标准。该标准体系内容丰富、涵盖面广,几乎涉及无人驾驶航空器的各个分系统,同时,该系列标准在无人驾驶航空器的电磁兼容性、可靠性维修性、使用气候条件等方面都有专门的章节,而目前我国标准在这些方面还未曾涉及。

3. 无人驾驶航空器驾驶资格执照

2016 年 8 月,美国联邦航空管理局颁布的无人驾驶航空器管理条例生效。FAA 新政策表示,无人驾驶航空器使用者不需要考无人驾驶航空器驾驶证,只需通过 FAA 准备操控无人驾驶航空器知识测试,即可获得驾驶无人驾驶航空器的资格,并对"飞手"年龄加了限制。对于商业无人驾驶航空器驾驶员,FAA 也不强求需要持无人驾驶航空器驾驶证,但也要遵循无人驾驶航空器飞行高度和速度的限制。据了解,目前共有 3 000 多家企业申请了美国政府颁发的飞行特设令。

CAA 的人员执照部门在确定无人驾驶航空器驾驶员是否有驾驶某无人驾驶航空器资格时,考虑的因素有驾驶员经验、最大航空器质量、飞行管制模式、操作的控制以及危险评估等。英国法律规定,无人驾驶航空器的飞行高度不得超过 400 ft(约 121.9 m),飞行时必须在操控者的视线范围内,并远离民航客机、直升机和机场。

四、我国无人机飞行对策

无人驾驶航空器飞行管理制度的确立,应该遵循既要保证安全、又不能阻碍无人驾驶航空器技术发展的原则,目标是将无人驾驶航空器系统整合到现有的空域系统之中,实现空中交通的有序运行。其内容应当包括建立无人驾驶航空器的适航标准、实行无人驾驶航空器飞行员的资格许可,明确无人驾驶航空器飞行申请和批准的权限、制定无人驾驶航空器飞行空域划设和使用的规定、确定无人驾驶航空器之间以及与有人机之间的飞行间隔和避让原则,规范战时各军种的各类无人驾驶航空器空域使用的原则和协同方法等。

(一)实施分级分类区别管理

无人驾驶航空器含义广泛,从几十克的航模、儿童玩具到大型飞艇,从无线电遥控设备到由自身程序装置操作的飞行器,都属于该范畴。界定需要接受管制的无人驾驶航空器范围,实施无人驾驶航空器分类,可以主要从以下几个维度考虑:质量(最大起飞质量及载重)、飞行高度、飞行距离、飞行占用的空域以及从用途细化市场产品。

对无人驾驶航空器,可以从使用空域角度考虑,区分以下三种情况进行管理。

(1)注册类航空器/Ⅲ类,包括大型国家无人驾驶航空器。可以在所有空域中运行,遵循有人机的飞行规则。

(2)非标准航空器/Ⅱ类,除模型外的军民用航空器,要求通过适航资格认证、操作人员资质审定。

(3)遥控模型机/Ⅰ类,包括运动类、休闲类、业余自制类无人驾驶航空器,这类无人驾驶航空器须有飞行高度、速度、位置限制。

(二)划设疏导消费专用空域

对于应用于各个领域的无人驾驶航空器来说,根据无人驾驶航空器的性能和飞行任务,划设相应专用空域是十分必要的,但对目前数量庞大的消费类无人驾驶航空器来说,也应当通过划设娱乐、消费专用隔离空域供其飞行,进一步疏导广大消费者远离军、民用机场上升、下降机场净空地带,大中城市及人口密集地区和重要保护目标上空地区,达到既满足广大航空爱好者的娱乐、消费需求,又确保军民航机场的飞行安全和重要目标的保卫安全。划设无人驾驶航空器飞行隔离空域时应当明确使用空域范围和上下限、使用时间,划设时应避开已有的有人驾驶航空器航路航线及飞行空域。空域的边界与其他飞行空域、航路、空中走廊的边界以及航线的水平间隔均不得小于 10 km。

(三)注重无人机空管问题研究与管控立法

及早开展无人机空中管制问题的研究及相关法规的制定,以适应无人机迅速发展的要求。尤其要研究将无人机与有人机纳入共同空域进行管理的方法和措施,这是使无人机能像有人驾驶航空器一样使用整个空域的制度保障。

(四)强化无人机按分类标准实施适航管理

制定适用于我国空管实践的无人机适航和分类标准。目前,我国对无人机的适航标准尚未开展系统的研究,可以参照美国和欧洲的做法,研究制定适合我国国情的无人机适航标准,研究确定基于我国空管实践的无人机分类标准。在无人机适航管理中,可以根据无人机种类繁多、型号复杂的飞行特点,强化按照无人机分类标准,区别对待,实施适航管理。

(五)加强无人机飞行机载适航设备的研制

加强无人机"感知-避让"能力的开发。"感知-避让"能力是无人机实现空中飞行安全的重要基础,也是使无人机进入公共飞行空域的重要技术支撑。为此,应结合我国实际情况,加强无人机"感知-避让"能力的开发。

（六）创建军民协同、军地联动的管控机制

1.静态管理

地面管控，由空管部门、公安部门、生产企业、销售部门、工商、税务及航空管理部门联合管控。生产企业、销售部门和航空管理部门主要负责无人机的登记、认证；工商、税务部门主要负责生产企业和销售部门的资质认证以及间接的质量监控；公安部门主要负责对违法违规运行的无人机单位或个人实施强制性执法；空管部门主要负责受理无人机运行相关许可的申请与批复、无人机运行所需空域的划设、协调与使用分配，以及配合公安部门对违法违规运行无人机单位或个人实施执法。

2.动态控制

空中管制，由军队空防体系和军民航空管理部门协同控制。民航空管系统负责对航路、航线和在民航空管系统管理空域内飞行的无人机实施管控；军航空管部门协助空防体系对民航管理空域外飞行的无人机实施监控，对违法违规飞行的无人机采取强行控制措施。

（七）研究制定国家中长期无人机发展规划

鉴于无人机用途广泛，发展迅猛，为保证无人机产业的健康有序发展，国家应制定无人机中长期发展规划，尤其对军用高空无人机的发展应从技术体制、管控机制、法规建设和保障体系等方面制定符合我国国情、军情的发展计划和路线图。发展计划应重点规划说明近期、中期、远期的无人机发展策略、重点和实施方案。

（八）借鉴有人机管理经验创建无人机管控机制

无人机的管控，应借鉴有人驾驶航空器的管理经验。一是要健全无人机管理机构，二是要完善无人机管控法规，三是要强化无人机适航管理和运行人员资质管理，四是要加强对无人机运行相关人员的法规宣传，五是要加大对无人机适应全空域飞行所需机载设备的研发力度。

（九）平衡利益诉求，合理引导行业规范发展

不同的单位和个人具有不同的利益诉求，立法过程中对于合理的、多样化的利益诉求，必须有针对性的考虑，并通过合适的方式予以体现，只有这样制定出来的法律才有更好的贯彻落实的基础，社会公众才有依法服管动力。鉴于此，建议立法过程中强化对不同利益群体的调研，准确掌握不同的立法利益诉求，并进行合理的平衡，对正当合理的诉求尽量通过多种方式予以实现，做到民主立法、科学立法，然后依法合理引导行业规范发展。

（十）加强法规宣传教育，树立法规权威性

目前，无人机管理出现的无序局面，有些是法律和标准缺失所造成的，但还有相当一部分问题的出现是由于管理、执法机构和社会公众缺乏对已经制定的航空法律和标准的了解，特别是一种体系化的理解，导致现行有效的法规标准不能充分发挥效用。部分单位、个人从自身利益出发，故意曲解法律和标准，影响了法律的权威性。为使管理和执法机构以及社会公众充分了解航空法规和标准，自觉遵守航空法规，采用先进的航空标准，建议国家委托相应单位承担航空法律和标准的宣传、教育任务，进行航空法律和标准专业教育、培训，出版高水平的航空法律和标准教材及参考图书、资料,开展群众性普法宣传,使有关法律、标准深入从业者的思想,转化为自觉的行为规范。

(十一)规范执法程序,强化执法手段

执法程序是保障执法效果的基础,程序正义和结果正义是两个并行不悖的目标,不可偏废。由于管理机构缺位等原因,我国尚未对无人机管理的执法程序进行深入系统的研究、讨论,也未就此开展专项的教育、培训。同时,管理机构的执法手段也比较有限,及时、有效制止违法行为的执法效果难以实现。鉴于此,建议国家委托相关单位开展无人机执法程序研究,并通过行业专项培训的形式宣传贯彻相关研究成果,为执法机构和人员规范执法奠定基础。同时,深入调研执法机构执法手段建设需求,投入专项经费购置执法工具,为规范、高效执法奠定基础,同时也对违法行为形成有效震慑,打消违法单位或者个人的侥幸心理。

第九章　基于城市空中交通的无人机运行构想与流程

一、城市空中交通的发展前景

城市空中交通(Urban Air Mobility,UAM),按照 NASA 的定义,是指"在城市中用于客运或货运的、安全高效的有人驾驶/无人驾驶(空中)交通工具系统"。就像汽车行业一样,城市空中交通系统也在面临电气化、智能化和无人化变革。电动垂直起降飞机、全自动驾驶和机群管理的发展有望彻底改变城际和城内的交通方式。

(一)地面交通发展现状及不足

1.汽车保有量大

汽车作为诞生已久的交通出行载具,截至 2020 年,中国虽只有 17.3% 的汽车普及率,但据公安部统计,2021 年全国机动车保有量已达 3.95 亿辆,全国新注册登记机动车也较上年增长 10.38%,而我国汽车普及率也随着良好经济形势不断上升,汽车保有量必定随之攀升;同时全国 20 个城市汽车保有量超 300 万辆,而北京、成都、重庆更是超过 500 万辆,可见我国汽车多分布于大中城市,形成了我国汽车保有量大且分布集中的特点。

2.道路里程有限

据相关研究表明,道路流量(采用汽车行驶的千米数衡量)与道路容量(采用可用车道的公路千米数衡量)呈正相关,因此单纯新修道路只会导致道路车流更加密集,并不能解决城市交通拥堵问题,我国目前正陷入了这一情况。即使作为基建强国,每年的道路建设量在逐年快速增加,但我国每年不足 5% 的公路里程增速远不能超过每年最少 10% 的汽车保有量增速,随着我国城镇化的持续推进,新增的道路里程显然满足不了人们的出行需求。

3.污染问题严重

以化石能源为燃料的乘用汽车还是城市空气污染的重要催生者,据美国环境保护局估算每部乘用汽车平均每年排放 4.7 t 二氧化碳,而乘以庞大的汽车基数后,这对城市环境造成了严重的破坏。以我国为例,官方统计数据显示,2018年国内碳排放总量达到了1.04×10^9 t,城市雾霾形式非常严峻,治理汽车尾气污染问题刻不容缓。

综合上述的三个主要问题可知,世界范围内的公路交通都面临着交通拥堵、交通事故频发和空气污染等极为棘手的难题。因此,人们不得不将目光从地面放至空中,探索综合交通运输体系建立的可行性。

(二)城市空中交通发展的必要性

面对城市地面交通发展局限性,随着航空技术的发展,人们普遍认为应该充分利用航空技术成果为城市交通出行服务,应该发展UAM,建立城市综合交通运输体系。

1.缓解地面交通压力,节省城市通勤时间

当前我国面临着汽车保有量增速远大于公路里程增速的局面,这一局面给城市带来了严重的交通拥堵问题,表9-1是这一情况的具体反映。这些前10城市的通勤高峰拥堵指数都在2左右,车辆时速均低于30 km/h,表明这些城市内从A地到B地的通勤高峰耗时是正常情况的2倍,这既浪费了通勤人员的时间,也加剧了城市的空气污染。

表9-1 2021Q2百城通勤高峰交通拥堵榜(城市不分类前10)

2021Q2排名	城市	2021Q2通勤高峰拥堵指数	拥堵指数环比2021Q1	2021Q2通勤高峰实际速度/(km·h⁻¹)
1	北京	2.147	↑15.01%	24.36
2	贵阳	2.059	↑10.53%	24.80
3	重庆	2.057	↑10.22%	24.28
4	长春	2.046	↑21.34%	24.20
5	哈尔滨	1.928	↑23.68%	23.64
6	上海	1.904	↑6.32%	24.87
7	西安	1.872	↑10.96%	26.69
8	武汉	1.843	↑8.81%	26.24
9	青岛	1.838	↑11.53%	26.64
10	大连	1.833	↑14.69%	24.19

数据来源:百度地图《2021年第二季度我国城市交通报告》。

表9-2来自中华人民共和国住房和城乡建设部(简称住建部)与相关机构的数据。2020年我国超大城市与特大城市的通勤耗时分别是40 min和38 min,但UAM却能有效缩短这一较长的通勤耗时。以亿航和Joby两家公司的产品为例,亿航的EH-216最大时速为130 km/h,完成目前平均10 km的城市通勤距离,它的通勤时间不足5 min,但考虑到航空器起降、流量管制等影响因素,可粗略估算其耗时为10 min左右;而Joby S4 eVTOL凭借315 km/h的最大时速,高效的都市圈通行更能体现出它的优势。因此,我们充分相信未来的城市空中交通必能有效缓解地面交通压力,节省人们大量的通勤时间。

表 9 - 2　2020 年我国主要城市单程平均通勤时耗

城市规模	研究城市	单程平均通勤距离/km	单程平均通勤时耗/min
超大城市 (40 min) (9.1 km)	深圳	7.6	36
	广州	8.7	38
	上海	8.9	40
	北京	11.1	47
特大城市 (38 min) (8.2 km)	西安	8.1	34
	杭州	7.4	35
	沈阳	7.2	36
	郑州	8	36
	南京	8.4	38
	天津	8.4	39
	武汉	8.3	39
	成都	9	39
	青岛	8	39
	重庆	8.9	40

数据来源:住建部城市交通基础设施监测与治理实验室、我国城市规划设计研究院发布的《2021 年度我国主要城市通勤监测报告》。

2.形成城市立体交通,提供更多出行选择

当前全球范围内的主要大中城市几乎都已形成地铁(轻轨)、公交、出租车和私家乘用车等共存的综合交通体系,但这些出行工具都位于地面或地下,既挤占城市宝贵的土地资源,也加剧了城市的人地矛盾;而 UAM 开辟了一条全新的城市通勤线路,为通勤人员带来了一个更好、更便捷的选择,这对上班族、商务人士和对时间敏感的人尤为重要。通过城市空中交通的加入及快速发展,将会推动城市形成空地立体化的智慧交通网络,打造出城市真正的综合交通体系。

(三)城市空中交通发展的可行性分析

1.技术可行性

UAM 发展在技术层面主要面临着飞行管控系统的建立和航空器的研发两大技术难题。飞行管控系统作为一种软、硬件设施,对于目前计算机技术发展来讲,软件开发是成熟技术,只是开发中要顾及市政府、民航局、UAM 运营企业、数据服务公司和公众等各方需求,同时还要考虑空域特点、流量、起降点、流量控制、气象和应急处理等诸多复杂要素。

而在航空器的研发方面,中、美和欧洲等地的企业均已成功研制出诸多垂直起降航空器(Vertical Take-off and Landing,VTOL),且几乎都已进入了验证试飞或适航取证的阶段,UAM 航空器所面临的技术问题已经逐步解决。

2.经济可行性

城市空中交通主要有航空器、起降点及配套设施、CNS设备和飞控中心的软、硬件设施,其中航空器和起降点及配套设施是初期资金投放的重点领域,因此对这两项的成本分析极为重要。表9-3是亿航发布的一份交通载具成本对比表,可以看出 eVTOL 航空器在购置成本、道路建设和运营等多个方面相比传统交通载具拥有着巨大的经济优势,因此 UAM 的发展在经济上具有很强的可行性。

表 9-3　不同交通载具成本对比

	亿航 216	宝马 760	特斯拉 ModuleX	罗宾逊 R22
飞行器(汽车)成本/万元	200	200	89	2.45
道路建设/(亿元/km)	—	0.6~1.0	0.6~1.0	—
机场建设/万元	1 000	—	—	8 000
司机/飞行员/(万元/年)	—	10	10	52.5
维修费用	低	中	低	高
排量/L		6		5.24

数据来源:《亿航智能城市空中交通系统白皮书》。

据摩根士丹利预测,预计2025年,全球将有3 000架飞行汽车投入使用,随后将呈指数式增长,到2050年将达到10万架左右。到2040年全球空中交通产业将达到1.5万亿美元的规模。这与目前市场所共识的自动驾驶汽车潜在的市场规模已经在同一量级。市场的需求牵引、巨大的经济利益,吸引了众多有识之士的关注,必将推动 UAM 的快速发展。

3.社会可行性

随着当今我国城市化速度的不断加快,摩根士丹利在2019年发布了蓝皮书报告《我国城市化 2.0:超级都市圈》。其预计,到2030年,我国5大超级都市圈(即长三角、京津冀、粤港澳大湾区、长江中游地区和成渝双城经济圈)的人口平均规模将达到1.2亿人,5大都市圈将贡献 GDP 增长的75%及城市人口增量的50%。但要想实现超级都市圈,就必须打造城市群内部的"1小时生活圈"。这既是我国社会发展的迫切需要,也是 UAM 在我国巨大的发展机遇,通过 UAM 能够完美实现城市内部乃至城市群的"1小时生活圈",这对于人们的日常出行、都市圈发展和践行节能环保的新发展理念均能带来巨大的经济价值和社会价值。

二、无人机城市空中交通应用

(一)无人机网约飞行

无人机网约飞行是城市无人机一种新兴的产业模式,由无人机网约服务平台为各类无人消费场景下的客户提供无人机网约服务,其主要目的就是为了全方位提高国内无人机行业的服务作业效率,破除传统无人机从服务对接到落地耗时长和使用程序烦琐等缺点,极大地提升无人机的运行效率。

当前已有诸多企业涉足无人机网约飞行服务,这些服务平台大多驻有全行业的无人机网约服务业务供广大用户选择。针对个体和行业消费者,平台提供航拍、植保、巡检、航测、物流、表演和救援等众多业务,用户在下单后可实时查看订单进度和在线获取服务成果,这大幅缩减了用户的时间成本,同时用户还可以在线快速获取最佳的无人机服务解决方案。针对飞手,平台严格审核飞手资质和业务能力,从而确保服务质量;支持飞手个人和拥有经营许可证的公司入驻;实行持续积分晋级制度,平台费逐级减少,让飞手更多受益;飞手在入驻平台后,可全国接单,不再局限当地需求。同时平台还可通过双向评价、双向实名认证和保证金等机制,来确保订单真实有效,为交易双方提供保障。

当前除了第三方无人机网约飞行企业涉足该行业外,物流、外卖等各类企业也开始参与到无人机网约飞行服务中,目前人们正在探索无人驾驶飞行汽车用于满足人们的出行需求,不久的将来,人们的出行将像网约汽车那样方便地网约飞机,从而给人们出行又多了一种便捷高效的出行选择,进而快速推动城市无人机网约飞行业务的快速发展。

(二)无人机医疗救援

在医学救援领域,时间的抢夺至关重要。无人机具有的使用便利、反应迅速等特点在医疗救护中能够发挥至关重要的作用。相较于传统救护车,无人机在飞行时受地面交通堵塞影响小,可以更加快速地到达救护地点,从而帮助开展救治工作;在偏远地区,无人机可以有效克服地形等不利因素,为医患双方争取更多时间,让病人及时得到救助。同时,在当前物流无人机快速发展时期,医用救援运输无人机的发展也非常迅速,使得更多的无人机频繁出现在医疗资源运输领域。

在近年来新型冠状病毒疫情肆虐期间,某些地区为了疫情防控工作采取封闭管理,为了减少与隔离人员的接触和疫情的扩散风险,通过使用无人机搭配恒温箱运送急救药物(疫苗、血液,甚至是器官)、核酸检测样本和各种医疗器具,不仅可以降低运输途中存在的感染风险,也提高了近距离常规医疗配送的时效和核酸检测效率。如西安市疫情期间启用无人机送药,从起飞、为患者配送药品到降落,整个过程只用了 6 min。而使用喷洒无人机还可以从空中进行大面积防疫消毒工作,相比地面的喷洒消杀模式效果会更加显著,能够达到表面消毒和空气消毒的有机结合,既能消杀空气中的飞沫病毒,还能有效阻断病毒传播,同时还大幅度地减少了消毒液对作业人员的伤害。

在突发自然灾害的情况下,如果有人员被困在救援人员无法到达的地方,无人机可向被困人员运送生存必需食品、药品、用品,保证救援人员到达之前的安全。随着模块无人机的不断发展,改变无人机的载荷,让无人机装载简单易操作的医疗仪器,比如:除颤仪、心肺复苏仪等。通过利用语音通信功能,在救护车到达之前,医生可以指导现场人员对病人进行最快的抢救,等医生达到以后再对病人进行进一步抢救,甚至在医生达到之前可以使病人脱离危险。相信两者结合,可以有效缩短抢救时间,提高抢救成功率。2021 年 12 月初,瑞典一架携带除颤仪的自动驾驶无人机挽救了一名突发心脏骤停的 71 岁老人的生命。从拨打急救电话到无人机收到信号起飞,用时 15～30 s,整个救助过程用了 3 min 左右。

未来,无论是城市中心,还是城市至偏远地区,使用无人机进行医疗救援的市场前景将会变得日益光明。

(三)无人机物流配送

随着无人机技术不断发展,无人机应用领域从军事领域逐渐扩展到国民经济产业。2013 年,亚马逊 CEO 贝佐斯首先提出用无人机运输货物这一理念,在他的构想中,从下单购买到收到货物仅需 30 min,并在未来 5 年内进入市场。与此同时,Zipline 公司致力于打造运输医疗用品的无人机,并实现了将血液样品穿越卢旺达西部送往医院。直至今日,国内顺丰、京东、美团等各大电商相继开始探索无人机在物流运输方面的应用技术。

我国物流业发展十分迅速,市场已进入高速发展阶段,快递业务量急剧上升,适当使用无人机运输快递,可以加速物流运输效率,并有效解决传统运输方式下偏远地区运费高、运输时间长等问题。无人机凭借体积小、速度快、可以灵活飞行等特点,在实际的运输领域中,不仅应用场景更加灵活、运输效率更高,相对于一般的航空运输,其性价比也十分可观。

无人机在城市空中交通物流方面的应用较为广泛。

1.物流的中段运输

无人机可以应用在大载重、中远距离的运输。送货的直线距离一般在 100～1 000 km,吨级载重,续航时间达数小时。这方面的应用主要有跨地区的货运(采取固定航线、固定班次,标准化运营管理)、边防哨所、海岛等物资运输、以及物流中心之间的货运分拨等。

2.物流的末端配送

空中直线距离一般在 10 km 以内(对应地面路程可能达到 20～30 km,受具体地形地貌的影响),载重在 5～20 kg,单程飞行时间在 15～20 min(受天气等因素影响),这方面的应用比如派送急救物资和医疗用品、派送果蔬等农土特产物品等业务。

顺丰公司旗下子公司江西丰羽顺途科技有限公司获得国内首张无人机航空运营(试点)许可证。许可证规定,顺丰无人机可以在民航局规定的试点范围内使用无人机进行物流配送。顺丰无人机具有定位精准、载重能力强等特点,其最大载荷重量可以达到 10 kg,并且每架无人机都配备了降落伞,保证其安全。顺丰旗下丰鸟航空取得支线物流无人机试运行和经营许可,公司引进了大量的物流无人机,拟解决受地势影响的物流配送问题。

京东早在 2015 年就已经探索开发无人机送货技术,并依次建立了干线、支线、终端三个层次的无人机物流配送和通航物流体系。2017 年,京东获得了中国民用航空西北地区管理局颁发的允许在省内范围进行无人机配送的许可证。截至 2022 年 5 月,京东物流无人机已飞行超 2 万架次,飞行总里程达 10 万公里。

在配送方面,无人机配送更加具有时效性,缩短配送时间,提高配送效率。今年 8 月,美团在深圳开设了首条无人机常态化试运营航线,从餐饮配送到百货、商超产品选购等领域实现无人机自动化配送。目前,美团无人机配送服务已经在深圳 4 个商圈内开展,航线覆盖多个社区和写字楼。美团的常规配送服务需要 28～30 min,但在无人机的帮助配合下,配送时间大大缩短,最快可在 15 min 之内完成订单配送。

(四)无人机安全巡察

无人机应用于城市空中交通中安全巡察,主要包括以下几个方面。

1.社会治安巡逻监视

无人机的巡逻监视一般由公安机关专用的警用无人机执行,是一种基于无人机辅助、具备打防管控功能的立体化巡逻防控系统工程,与视频巡防、街面巡防构成了多层次、立体性、一体化的治安"三维巡防"机制。还可以携带高清摄像机、夜视仪等设备,对目标区域和预设航线进行定时定点的巡查工作,弥补了人巡、车巡模式下监控视野漏洞、盲区和警察机动性不足等弊端。其夜间侦查、巡逻功能也有效降低了警务人员的工作压力,同时还可以帮助指挥中心更好地掌握目标区域的安全状况,实现高质量的巡防模式。一套完整的警用无人机巡防系统主要由警用无人机移动指挥系统、警用无人机驾驶员和地面移动控制巡控车构成。移动指挥系统是控制无人机完成任务的核心和灵魂,相当于人的"大脑",是一个集图像处理、无线传输、远程控制及任务规划于一体的综合指挥控制系统。警用无人机驾驶员负责无人机指挥管理平台的运用、定航巡飞、数据传输处理等工作。地面移动控制巡控车主要为无人机的运行提供必要的支持,需布置无人机通信中继站、无人机起降平台等。

2.城市道路交通管理

无人机还可以用于交通巡查工作。现有机动车智能违章检测系统主要是将摄像头安装在重点交通路口进行交通信息的采集,同时在地下埋藏感应线圈,通过线圈震动等传感器使摄像头记录获取违章车辆的车速、违章照片等信息,最后传输到控制中心进行处理。这种检测系统缺陷比较明显,成本高,监控范围小且缺乏灵活性,对违章车辆的信息处理不及时等。而无人机具有反应快、功能多、范围广等特点,可以对车辆违章行为进行抓拍,结合地面监控系统提高车辆违章处理及时率。此外,通过无人机在高空进行交通常态化巡查,结合地理信息系统(Geographic Information System,GIS)平台对道路的车流密度、平均交通量、道路服务水平、停车场利用率、城市道路交叉口的排队长度等信息进行提取,快速掌握道路交通情况,对拥堵、交通事故进行空中疏导、指挥、分流,可有效缓解交通拥堵,降低二次交通事故发生率。

3.大型活动安保巡查

无人机在大型活动中充分发挥作用。传统大型活动安保以人力管控为主,需要工作人员具备长时间工作的专注力和极度细致的观察力,无人机高空视野广、监控范围大、视角灵活多变的特性可应用于大型活动安保的全过程。在活动开展前期,可利用无人机建立活动区域及周边道路的三维地图,辅助指挥决策和制定安保方案;活动开展时可安排无人机在现场流动巡查,对进出车辆、人员进行实时监控并录像留证,应用自动跟踪技术、人脸识别技术排查可疑人员和安全隐患;出现紧急情况时,无人机搭载高空喊话功能帮助工作人员对现场人员进行安抚,引导人流正确行进路线,对现场人员进行疏散,可以防止踩踏事故发生,提高人群疏散效率。

4.电力行业线路巡检

无人机被广泛应用于电力行业的线路巡检工作。巡线是管理高压输电线路的核心工作,因我国电力涵盖面积广,且多数架空输电线路穿越高山、沟壑,地理位置偏僻、路径错综复杂、植被茂密,日常巡视检修维护工作成为电力管理的痛点。引入无人机协助进行供电设备巡视检测,提前设置好无人机的环境温度、相对湿度、设备辐射率等参数,规划好飞行航线,调整好无人机的位置、云台的角度、焦距的大小,通过无线通信技术传输到地面站系统并进行分析检测,不仅能搜寻地面作业人员看不到的线路隐患,还能从不同角度拍摄线路影像并完成存储记录,优化线路巡视效果、提高线路巡视的工作效率和质量,最大限度保障巡视人员安全。目前,全国多个省市已引进无人机智慧巡检,效果明显,未来将开展无人机协同巡线作业,构建全方位、全覆盖、无死角的地空一体化智能巡线系统,保障电力供应安全稳定。

(五)无人机反恐防爆

无人机用于反恐防爆作战,主要是按照定制航路进行整体侦查,进行不同逃犯的全面搜捕、跟踪和监视,有效提升抓捕速度和准确性,在保证高效率的同时,也降低了反恐防爆作战的成本。其主要使用场景如下。

(1)在处置群体性事件或暴恐事件的过程中,无人机能够进行空中取证,通过搭载空中喊话模块、投掷模块(包括催泪弹、震爆弹、烟雾弹、闪光弹等),对参与事件的目标进行警告、劝导、驱散及实施空中打击。

(2)在夜晚能见度低的场所,无人机通过搭载红外设备,对逃犯进行监控,对躲藏在楼道、丛林隐蔽处的犯罪嫌疑人进行扫描式飞行搜索,将逃犯的逃跑路线提前通报警方,填补地面封控巡逻时产生的盲区和漏洞。

(3)在个别重点保护区域,无人机按照既定路线自动巡逻,通过巡逻发现可疑目标并进行远程图像传输。如发现可疑人员存在动态的风险行为,且地面人员未能及时到场处置时,可通过警用无人机采用喊话警告、强光照射、跟随预警等方式给予恐怖分子心理压力,迫使其缴械投降。

三、无人机城市空中交通构想

(一)架构流程

目前处于 UAM 的初创期,各国政府都还没有建立专门的 UAM 管理组织框架。针对 UAM 的空域情况、运行特点和上述的 UAM 发展现状,笔者认为未来城市空中交通的组织框架如图 9-1 所示,由中央空管委和中国民用航空局主导开发和部署 UAM 中的空域规划、飞行监管等业务,UAM 的行业主体主要负责 UAM 安全运营、数据采集和其他基础设施的建设。其中 UAM 飞行管理与控制系统是核心,它由企业负责搭建,按照民航和市政部门的相关监管要求,负责航空器的运行与管控工作。为了飞行安全和重要目标的防空安全,建议一个城市只能允许1家或两家UAM运行企业负责本市的UAM业务。

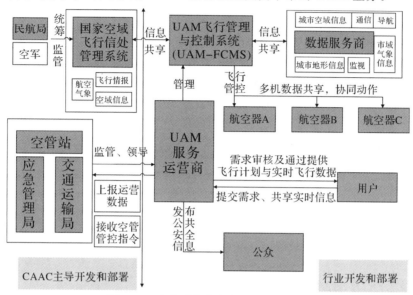

图9-1　未来城市空中交通的组织框架

(二)安全运行

1.空域规划

由于UAM运营的特殊性,其空域规划应在参考传统空域规划的基础上,着重考虑UAM的高度层划定和空中路径规划。

UAM专用高度层的划定主要考虑三种影响因素:一是城市地面建筑高度,机场、UAM航空器的特性和客流分布等固有特点;二是综合考虑航空器避障、气象条件和特殊情况(注:各种无人机、鸟类和人为放飞的障碍物)等动态因素;三是航空器的起降问题,以UAM航空器从1 000 m高度以平均30 km/h的速度下降,航空器下降速率为500 m/min,预估航空器从1 000 m高度下降至0 m基准耗时为2 min。因此,UAM空域的高度层范围宜确定为400~1 000 m,可供飞行的高度层有三个,分别为400 m、700 m和1 000 m,按照任务的飞行距离、降落地点相对于飞行器的高度、每个高度层的流量以及飞行任务的紧急程度,由飞行管控系统综合考虑上述因素并参考飞行计划为航空器分配适合的飞行高度层。

空中路径规划方面,由于城市低空的时空环境复杂多变,需要将传统的航路概念在UAM中微型化,将其定义为一条四维的"空中路径"。路径的规划首先要综合考虑城市中起降点数量及分布、路径上时空密度与空域环境,利用飞行管控系统的路径优化功能确定每条航线的最佳路径。

2.流量控制

城市空中交通具有时空密度高、特殊线路密度高、流量高和空域复杂等特点,如何合理规划有限的时空资源,进而实现UAM的安全高效运行,就必须从ATC的角度来展开流量控制。

空中交通管制主要考虑安全间隔、路径上的航空器密度、航空器能量消耗和飞行计划等因素,要将管制空域划分为一般运行区和特别管控区,前者只要按照飞行计划并考虑安全监管因素即可;但在特别管控区,由于航空器的时空密集度较高,可参考地面交通的环岛通行规则和红、绿灯信号规则,按照任务紧急程度和到达此空域的时间排序设置特殊飞行规则,完全由管制员实施实时飞行指挥,从而为航空器做出合理、安全且高效的调配安排确保飞行安全。而针对人流量较大的起降点(如大型购物商场、大型酒店、机场、火车站、知名旅游景点、办公大厦等区域)需要设置起降规则,进行特殊的飞行调配,针对 UAM 航空器的垂直起降和较小体积的特点,可参考传统的起落航线,以起降点为圆心,设置圆形进近规则,以提高起降效率,如图 9-2 所示。

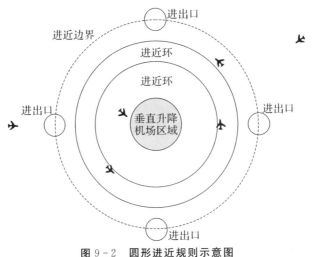

图 9-2　圆形进近规则示意图

3.应急管理

UAM 的空中运作模式面临着诸多风险与困难,为了保障 UAM 的安全运行,必须注重管理机制、风险防范和应急处置预案三个方面。

在管理机制的方面,城市应急管理部门应将 UAM 应急管理与紧急救援和突发事件处置结合起来开展工作,并由公安、消防、空管站、数据服务商、行业运营商和其他相关机构协同完成应急管理;制度方面,严格筑牢航空器准入制度,UAM 航空器必须经过民航局的适航审定方可参与运营;在运营中,还要建立航空器日常运营审查制度、负面清单制度和停飞审查制度,加强运营风险管理。

为了提升应急处理能力,UAM 运营企业要提前针对不同气象条件、空域环境和突发状况制定不同的风险防范措施和应急处置预案,建立航空器运营的 4 级风险预警制度,其分别为重大风险(可能造成重大人员伤亡和设施损坏)、较大风险(可能造成人员伤亡和设施损坏)、一般风险(可能造成人员伤亡)和低风险(可能造成设施损坏)。用红、橙、黄、蓝这四种颜色来标注,其中红色表示最高等级。实时发布相应情况的风险预警信号,严格实施对应的应急处置预案。

（三）基础设施

UAM 运作所需的基础设施主要包含 UAM 的管理设施、航空器的起降设施和航空器的安全飞行设施三大方面，这里重点讨论起降与飞行设施。

1.垂直起降点规划

作为航空器的起降和运营保障地点，垂直起降点的规划应着重考虑用户消费意愿及能力、建设条件与难度、地理位置、空域条件、政策、后期运营流量和总体分布密度等因素。在规划时，还要重点针对机场、高铁站等客流量多的地点建立垂直起降场，打造便捷的换乘通道，实现多种交通方式之间的互联互通，充分满足人们的多种出行需求。同时，在综合评估建筑的结构强度、面积等因素后，要在医院、商场、酒店、人员流动大等 UAM 运行需求旺盛的地方优先考虑建筑顶层平台的布局，同时也应充分利用现有地面交通设施，在城市露天停车场，扩建 UAM 起降点。

2.通信导航监视（Communication Navigation Surveillance，CNS）设施规划

为了保障航空器的安全飞行，CNS 设施的建立分为空中与地面。在空中，通过利用北斗卫星导航系统、开发 UAM 专用的 5G 通信频段以及强制要求所有航空器必须安装 ADS-B 以保障对航空器的通信和监视；在地面，根据起降点的分布和应急处理需求，利用现有的 5G 通信基站，并根据航空器运行加装的相关基于 5G 技术的通信模块，建设相关的导航、通信和监视等地面基础设施，保障对航空器实施无死角的通信、导航、监视，以保证 UAM 的安全运行。

（四）运行法规

无人机在城市空中交通中应用，除了应遵守目前已经频发实施的有人驾驶航空器航空法规、飞行规则和无人驾驶航空器飞行管理暂行条例外，还应遵守与城市空中交通相配套的运营法规，比如符合适航法规要求，符合中国民航局通用航空企业经营许可证申请要求的相关法规要求，符合运营企业工商管理注册的相关法规要求。

此外，针对无人机应用于城市空中交通特殊运行环境的特点，还应配套制定频发一系列针对无人机应用于城市空中交通的专用法规，比如：运营企业用于人员运输的《城市空中交通地面第三人强制性保险制度》《垂直起降点的规划、建设要求》《城市空中交通管制规定》《征集城市空中交通企业服务应急救援的规定》等。

第十章　国外航空发达国家无人机
　　管控概况

当前,无人机的发展日新月异。近十年无人机的发展迅猛,各国都在探索无人机的管控问题。因为无人机分为不同用途,所以其所遵循的飞行规则也有所不同。通常来说,民用UAS遵循一般的民用航空器的规则,而军用UAS则被视为国家航空器的一种,要遵循严格的入境许可制度。但是,令人遗憾的是,到目前为止,在国际层面尚没有缔结任何专门针对UAS统一适用规则的国际公约。只有《芝加哥公约》对UAS做了原则上的规定,但其也主要是将无人机视为飞行器的一种对待,从而将用于飞行器的一般规则适用于UAS。

此外,无论是UAS的飞行空域,还是其所遵循的飞行规则、认证程序等,各个国家的相关规定有很大差别。其中比较具有代表性的有:《芝加哥公约》对UAS做出了原则上的规定;澳大利亚是最早专门针对UAS制定规章的国家;美国有关UAS的规定比较完善;英国的规定则比较系统;欧盟关于UAS的管控则比较复杂;日本主要将UAS用于农业用途且发展迅速;巴西和马来西亚对UAS的规定相比而言则显得有些粗略。以下将对上述提及的国家和地区有关UAS管控的理论与实践进行分别介绍。

一、欧盟成员国无人机管控概况

(一)欧盟无人机管控运行机制

欧盟的航行安全机构是欧洲航空安全局其主要致力于最大限度地保护欧洲公民的安全,并促进欧盟航空业的发展。EASA主要负责制定民用航空安全和环境方面的规章,并负责监督各成员国对这些规章的实施,当然对于无人机的管控也包括在内。

目前,在无人机领域,除了EASA起着重要作用之外,欧盟的若干个工作小组和一些其他组织也正在致力于欧盟统一天空政策的实现。虽然这些机构目前的工作仅仅是在无人机相关领域进行研究和提出一些立法建议,对无人机的管控并没有任何实际权力。但是,其对欧盟无人机运行和管控却产生着重大的影响。主要机构或组织如下。

1. 欧洲空管局

欧洲空管局,即欧洲空中航行安全组织(EUROCONTROL),是一个政府间组织,其成

—　94　—

员包括 39 个会员国和欧共体本身。[①] 欧空局的主要目标是致力于泛欧洲空中交通管理系统的发展,以及维护欧洲航空安全和环境可持续发展。对于无人机,EUROCONTROL 专门成立了 UAV-OAT Task Force(TF),并起草了《有关在隔离空域以外军用无人机作为 OAT(Operational Air Traffic,运行的空中交通)飞行时所需要遵守的 ATM 规范》,该规范本身并不具有法律效力,而是由各成员国自愿选择适用。

2. EUROCAE WG - 73

EUROCAE WG - 73(European Organization for Civil Aviation Equipment Working Group - 73)的首要目标是发展无人机运行的规则框架,从而使得无人机和有人驾驶飞机在现存的 ATM 环境下能够以相同的方式和方法进行管控。该工作组下设四个小组,分别为无人机运行小组,无人机适航性小组,指挥、管控、通信、频谱和安全小组以及 150 kg 以下无人机小组。此外,EUROCAE WG - 73 正在努力将无人机的运行整合进入欧洲空域系统之内。最近其又建立了对无人机飞行员进行训练和发放许可证的专门小组。该专门小组所要遵循的一个基本原则即是其应当按照有人驾驶飞机飞行员的程序对无人机的飞行员进行训练和颁发执照,除非二者具有明显的区别时,其他程序才可能被适用。

3. FINAS WG

北大西洋公约组织(North Atlantic Treaty Organization,NATO)于 2004 年设立了无人机在非隔离空域飞行的工作组(Flight in Non-Segregated Airspace Working Group,FINAS WG),其设立目的是为北约无人机过境飞行提供便利。FINAS 致力于产生各类标准化协议(STANAGs)、无人机运行者训练标准、感知-避让的基本要求和系统安全要求。在 FINAS 框架内,还专门设立了无人机系统适航性需求分析专家组。此外,FINAS 制定了《北约无人机适航性法典》,该法典是针对《有人驾驶民用航空适航性法典 CS-23 (JAR-23)》所做出的特别修改。其主要适用于最大起飞重量在 150~2 000 kg 的固定翼无人机。而北约则准备将其作为未来的 STANAG 4671 予以适用。其他与无人机相关标准化协议包括:

(1)STANAG 7085-Interoperable data links for imaging systems。

(2)STANAG 4586-Standard interface of the unmanned control system (UCS) for NATO UAV interoperability。

(3)STANAG 4660 -IC2-DL (interoperable command and control data link)。

(二)欧盟无人机管控规章制度

到目前为止,在无人机相关领域,EASA 只制定了一个政策声明,即 2009 年颁布的"关于无人机系统的适航性认证的政策声明"(Policy Statement Airworthiness Certification

---

① 详见 EUROCONTROL 官方网站:http://www.eurocontrol.int/articles/members。

Systems)。①换言之,该项政策声明是 EASA 关于无人机的法律框架内,目前生效的唯一的政策性文件。该项政策声明遵循了欧盟的基本法和其他相关规定,它为质量在 150kg 以上的无人机的型号认证(包括环境保护)建立了一般性规则;同时,它也是 EASA 成员认证无人机系统的基本准则。

(三)欧盟无人机空管服务保障方法

本部分主要根据上述"关于无人机系统的适航性认证的政策声明"对无人机适航性政策进行介绍,该政策声明的主要内容如下:

1. UAS 定义

该政策声明对无人机系统做出了准确的定义,即无人机系统是一个由多部分组成的系统,主要包括无人机、控制站以及其他确保飞行的系统部分,如指令和管控链接、着陆和恢复系统。而在一个无人机系统里则可能会存在多个控制站、指令和管控链接以及着陆和恢复系统。

2. 政策声明的适用范围

根据欧盟基本法,EASA 的职能不包括以下几项:

(1)军事、海关、警察及其他类似用途的无人机。

(2)为研究、实验和科学目的而设计和改造且不大量生产的无人机。

(3)已经为军队服役的无人机,除非此无人机是依据 EASA 的设计标准制造的无人机类型。

(4)150 kg 以下的无人机。

(5)无人机的监管。

据此,该政策声明的主要适用范围是关于无人机的型号认证和限定的型号认证程序。另外,在该政策声明中,并没有强调有关无人机系统的现行规章。

3. 该政策声明的目标

该政策声明的总体目标是使受理无人机系统适航性申请更加便利,从而促进 EASA 建立并保持高度统一的欧洲民用航空安全标准。此外,其还有两个分目标,即适航性目标和环境保护目标,前者的首要目标是保证地面人员和财产的安全;后者则要求遵循基本法中的环境保护要求。

4. 无人机认证

民用无人机的认证将遵循现存的、通用的民用航空器的型号认证程序。EASA 对可以证明其自身符合规定的型号认证条件的申请人颁发型号证书,并对被批准型号设计的无人机系统颁发适航性证明。另外,该政策声明允许用另外一种方法来获得适航性的批准,即通

---

① 在该政策声明颁布之前,EASA 专门为其草案进行了公布,所公布的文件名称为"被提议的修订的预告"(A-NPA),并对其广泛地征求了意见。

过降低型号证书的要求来颁发受限的型号证书,同样也可以通过降低适航性的要求来颁发受限的适航性证明,但是这些被降低的要求必须是以保证运行安全为前提的。比如:一架无人机所要飞越的地区全部是偏远地区,其对这些地区的安全风险很低,那么该无人机系统则将会被授予受限的型号证书。但是这种替代方法的适用并不是任意的,其同样要符合 EASA 所界定的总体安全目标。以下是无人机认证方面的具体内容:

(1)对无人机系统认证的范围。EASA 通过把地面上的无人机控制站和其他遥控设备解释为无人机系统的一部分,从而将其纳入到无人机系统型号认证中,并成为应该予以考虑的因素之一。

(2)性能的证明。一般来讲,对无人机型号认证或受限的型号认证的申请应当通过设计组织批准书(Design Organization Approval,DOA)来证明其自身的性能。但是,EASA 允许申请者对此加以变通。

(3)在该政策声明颁布时,EASA 还没有专门针对无人机系统的控制站开发平台(Control Station Studio,CSS)无人系统控制站软件开发平台)做出规定,因此,无人机的认证仍将参照有人驾驶飞机的相关规定,在积累了足够经验之后,才会考虑针对无人机制定新的规定或相关的补充性内容。

(4)与有人驾驶飞机相比,在无人机适航性认证的过程中至少应当考虑以下无人机的特殊方面:

1)紧急恢复性能。

2)指令和管控链接。

3)自动化水平。

4)人为机械干预。

5)控制站。

6)预定的运行类型。

7)安全系统评估。

5. 现行相关规定的适用

无人机适航证明的颁发所依据的法律是欧盟 1702/2003 条例 Part – 21 subpart H;无人机适航证明的更新所依据的法律是欧盟 2042/2003 条例 Part – M subpart I;无人机噪音证书的颁发所依据的法律是 Part – 21 subpart I;在无人机飞行许可方面,其法律依据是 Part – 21 subpart P;持续性适航方面所依据的则是欧盟 2042/2003 条例 Annex I(Part – M)。由于感知-避让以及安全议题并不属于无人机适航性认证领域,因此,该政策声明并没有涉及以上两方面的问题。

(四)欧盟无人机管控的基本经验

本部分主要对"有关在隔离空域以外军用无人机作为 OAT 飞行时所需要遵守的 ATM 规范"进行概括性的介绍。

作为在 2003 年欧洲 AIRCHIEF 会议中明确阐明需求和随后通过民用/军用协调常务

委员会(the Civil/Military Interface Standing Committee;CMIC)提出请求的结果,EURO-CONTROL 成立了 UAV-OAT Task Force(TF)①来起草"有关在隔离空域以外军用无人机作为 OAT 飞行时所需要遵守的 ATM 规范"(以下简称"无人机规范")。该规范本身并不具有法律效力,而是由各成员国自愿选择适用。

可以说,该"无人机规范"是从 EUROCONTROL 监督和咨询框架内选出的最适当的方式,其自愿性使得成员国自由决定是否将其纳入到本国法规之中,同时,这也是维系该规范高级别和通用性的有效途径。

该"无人机规范"主要遵循以下 3 个基本原则:①无人机的运行不应该增加其他空域使用者的风险;②ATM 程序应反映出那些适用于有人驾驶飞机的一般规则;③提供给无人机的 ATS 的规定对控制者来说应该是透明的。另外,"无人机规范"的创新之处还在于其没有被当前无人机性能,如感知-避让的限制所约束。因此,该规范只有在行业对其本身以及其他必要技术发展时才是切实可行的。

"无人机规范"已经接受了由外部承包商提出的安全保证程序,该程序旨在利用规范草案的通过,来支持军用无人机在非隔离空域作为 OAT 运行被认为是安全的这一论点。其所采取的办法是为了证明无人机运行对其他空域使用者的风险将不会比有人驾驶的军用OAT 在非隔离空域的大,且该风险将会尽可能地减小。在这个过程中所产生的建议,随后也被纳入到了该规范文件中。

除此之外,"无人机规范"设计了一个主要的运作模式,即需要机长的监督,以及在失去数据连接控制的情形下可以使无人机恢复自动飞行的备份模式。而关于分离条款和避免碰撞方面也遵循着一个类似的层次结构。因此,当 ATC 不能用于将无人机和其他空域使用者相区分时,机长将以 S&A 系统的形式通过可利用的监测信息和技术援助来承担起这个责任。

另外,提供给无人机的空中交通服务应与提供给有人驾驶飞机的那些规则相一致,并且无人机也应配备与有人驾驶飞机所需的有关飞行、导航和通信的类似功能。实际上,如果无人机想要与其他空域使用者进行整合的话,必须与那些其他使用者和现行程序相适应,而不是对现有的 ATM 进行调整,以适应于无人机。原因在于这些规范只集中在 ATM 上,其仅为军事无人机被允许在隔离空域以外常规飞行的一小部分。因此,正在从事适航性认证、系统安全、操作人员培训等其他方面工作的有关机构都必须要发挥自己的作用。同样重要的是,我们必须要注意到,"无人机规范"并不调整作为通常航空交通的军用无人机的运行或民用无人机的运行。

该"无人机规范"已通过了 EUROCONTROL 拟定的规则制定的公告机制并接受了利益相关者的磋商,且经磋商后发表的意见也已经被纳入之后的草案中。另外,该规范也将受到 EUROCONTROL DCMAC (Directorate Civil-Military ATM Co-ordination)每两年一次的审查,以确保其不落后于无人机和 ATM 技术的发展。

---

① TF 成员包括 EUROCONTROL 民事和军事工作人员、国家军事专家和其他有关组织的代表。

二、美国无人机管控概况

(一)美国无人机管控运行机制

美国联邦航空局是美国的航空管理机构。在美国的国家空域系统中,飞行器运行的安全性显得格外重要。因此,为了将无人机安全、有效的整合到 NAS 中,FAA 在航空安全办公室(Aviation Safety,AVS)设立了无人驾驶飞行器项目办公室(The Unmanned Aircraft Program Office,UAPO)[①];在空中交通组织(Air Traffic Organization,ATO)设立了无人驾驶飞行器系统工作组(The Unmanned Aircraft Systems Group)。这两个部门相互合作,以便更有效的对无人机进行管控。

(二)美国无人机管控规章制度

在美国,FAA 有权制定飞行器的运行规则,这些规则被统称为联邦航空规则(Federal Aviation Regulations,FAR)。在 FAR 的术语中并没有出现任何有关 UAV、UAS 或者其他无人机的相关表述,然而 FAR 中对"飞机"和"空中交通"等术语的范围界定相当宽泛,无人机及其运行当然也包括在内。因此,在美国,无人机及其运行并没有平行于 FAR 的、特殊的专门性规则,其主要适用 FAR 的相关规定。

FAA 主要通过"咨询通报"(Advisory Circulars;ACs)和"政策声明"(Policy Statements)这两种方式来制定 FAR。前者无拘束力,而后者则有拘束力。关于无人机及其运行的咨询通报为参考 14 CFR 91(General Operating and Flight Rules)制定的 AC 91-57;关于无人机及其运行的政策声明为 AFS-400 UAS Policy Statement 05-01 和"Unmanned Aircraft Operations in the National Airspace System"。

AC 91-57 是为了鼓励模型飞机操作员自愿遵循安全标准而于 1981 年公布的。根据该咨询通报,航模爱好者的活动应远离居民区;应对飞机的适航性进行检测和评估;飞行高度不应超过地面 400 ft 以上;如果模型飞机在机场 3 mile 范围之内进行飞行,应当取得当地管制机构的授权;模型飞机必须随时给全尺寸的飞机让路,并避免碰撞。

AFS-400 UAS Policy Statement 05-01 公布于 2005 年 9 月 16 日。该政策声明指出,由 FAA 决定无人机是否允许在国家空域系统内飞行。FAA 要求在具备可以接受的安全标准时才能进行无人机飞行活动。根据该政策声明,FAA 为无人机开发者和操作者提供了两种选择:①作为公用飞机运行无人机系统,可以申请一次一年有效期的、允许特定飞机在具有特定运行界限的、特定飞行环境下飞行的适航证(COA);②他们可以依据联邦条例法典(Code of Federal Regulations)得到一个针对其飞机的特殊的适航证明,并严格的遵守 14 CFR Part 91 中所设置的所有的空域规则,而由一个合格的飞行员操控。该政策声明仅适用于军用无人机和公用无人机,而不适用于民用无人机。

"Unmanned Aircraft Operations in the National Airspace System"公布于 2007 年 2 月 6 日。该政策声明是由 FAA 宣布的一个关于非军用无人机运行的官方性声明,考虑到商业

---

① UAPO 主要责任是为 UAS 的认证和运行制定必要的指导意见和规章制度,以确保将其安全的整合进入 NAS。

性无人机的运营者依据 AC 91 - 57 在国家空域中运行无人机,FAA 制定了该政策声明,据此专门排除了个人或公司基于商业目的依据 AC 91 - 57 使用无人机的情形。同时,该政策声明也是为了对美国法律执行机构和一些小型的无人机制造商想要通过模型飞机的规则来运行无人机系统这一事实做出回应而制定的。根据该政策声明,FAA 只允许依据现行的授权证明和实验飞机安排运行无人机。

此外,该政策声明还表明,关于无人机的运行,FAA 现在的态度是除非经过特别授权,任何人不得在国家空域系统内运行无人机。作为公共飞机运行的无人机,其授权是适航证(COA);作为民用飞机运行的无人机,其授权是特殊的适航性证明;模型飞机的授权依据则是 AC 91 - 57。

同时,FAA 也是美国无人机运行的执法机构,其可以对违反规定的无人机运行者处以罚款、吊销执照等制裁措施。

(三)美国无人机空管服务保障方法

1.FAR 的具体规定

FAA Order 7610.4 描述了无人机运行者取得飞行许可的程序,正如上文所述,无人机作为 FAR 中所界定的"飞机",其运行应适用 FAR 中的大部分规定,具体包括:

(1)飞行规则。无论是基于 IFR 还是 VFR,无人机的运行必须能够"看见-避让"或"感知-避让"。如果无人机在 A\B\C\D 类空域运行时,需要装备用来和 ATC 通信的双向无线电通信设备,在 A\B\C 类空域运行时,飞行员将需要全时与 ATC 保持双向交流;在 D 类空域中,如果由塔台控制的话,在起飞时和起飞之后也需要双向通信,否则,只要求起飞后的双向通信即可;另外,无人机在 A\B\C 类空域运行时,还必须装载自动转发器设备以使 ATC 能够对其定位并进行识别。

无人机机长负责决定无人机是否达到安全飞行的条件,且无人机机长和机组人员在受药物(不限于违法的药物)和酒精影响(饮酒后 8 h 之内)时,不得工作。在执法人员提出要求时,无人机机长和机组人员需要进行血液酒精测试。

此外,无人机运行者还必须同时遵循 FAA 公布的 NOTAMs(命令、咨询公报、通知)以及 TFR(临时飞行限制)中的相关规定。

依据 AC 91 - 57(Model Aircraft Operating Standards),娱乐性质的模型飞机在 400 ft 以下运行可以制定自己的飞行规则,但该规定并不适用于商业性质的无人机和政府执行公务等其他性质用途的无人机的运行。

(2)安全规章。安全规章由作为国土安全部(The Department of Homeland Security, DHS)一部分的交通安全管理局(Transportation Security Adminstration,TSA)公布,这些规章对无人机及其运行,尤其是大型无人机而言,具有约束力。依据 CFR Title 49,无人机运行者需要建立一套安全性程序,并允许 TSA 观察员审查无人机的运行计划和相关的执行状况。程序之一部分将要求无人机运行者在专属区协议中控制进入飞机的权限,并在执行运行任务前履行安全观察职责。而且,无人机运行者还必须建立应急方案以应对劫机及其他威胁。

同时,为了无人机运行的安全考虑,必须要保证控制中心的安全,且其要求应与 FAR 中对机上飞行员座舱的要求一样,即只允许授权人员进入。若存在对无人机运行的干扰或劫机的情形,无人机运行者将履行对无人机和控制中心进行监测、观察的职责,无论威胁是来自地面还是空中,无人机运行者均应与当地相关机构、飞机场和 ATCS 取得联系。关于此种威胁的信息可以从 TSA 的信息通报和安全指示中获得。

在无人机进入美国空域执行运输任务的距离从起飞点起算超过 10 mile 航向距离时,或者在进入敏感空域(如华盛顿周边空域)时,应当能够通过转发器或与 ATC 和其他政府机构的双向通信对无人机进行定位并识别。这种识别和通信设备配置的要求与无人机在 A/B/C 类空域运行时的设备配置要求类似。

在有人驾驶飞机的飞行员与 ATC 及其他机构双向通信失败时,FAR 规定了飞行员控制飞机的程序,因此,无人机处于相同情况时其机长也应当进行类似处理,即进行编程使无人机在不能双向通信时能够自动遵循由 ATC 为其预设的规则;而在机长和无人机失去信号联系时,无人机运行的预定方案应当和有人驾驶飞机在相同情况下的方案类似。

(3)飞行员及其他机组人员的执照要求。FAR 对各种类型的飞机飞行员、机组人员和其他相关人员的技术、经验以及医学证明等方面做出了不同的要求,但并没有专门针对无人机的机组人员、工程人员、技术人员、机械师、维修人员等相关人员的知识、经验等方面的标准做出规定。依据 FAR 的相关规定,对一年内有过违法使用、种植、生产、销售、购买以及进出口麻醉药品的人的执照申请将予以拒绝;对已经取得执照而从事上述行为的人,对其执照将予以暂停或撤销。以上规定对无人机相关运行人员也应当具有拘束力。

(4)适航证明。FAR 对无人机适航证明的要求比《芝加哥公约》和国际民航组织的标准及建议措施(ICAO SARPs)的相关要求更为严格。与 ICAO SARPs 一样,FARS(Flight Assurance Review System,飞行保障审查系统)没有直接强调无人机的特殊规定,而是通过将无人机解释为飞机的一种,进而依据 FAA Order7610.4. Special Military Operations, Chapter12,Section9 中的 COA 程序,对无人机的适航证明做出规定。

其中,依据 FAR 相关规定,民用无人机制造商除了要取得型号证明和适航证明外,还需要取得产品证明。产品证明一般要求生产者具有一套质量控制系统,以确保生产无人机的每一环节均达到型号证明中的规范要求。

2. FAA Order 7610.4. Special Military Operations and the COA

1999 年,美国国防部为了使其无人机能够在 NAS 内运行,与 FAA 开始合作项目,但这一项目最终被 FAA Order7610.4 所吸收。根据 FAA Order7610.4 的现行规定,无人机运行的一般规则是:无人机应当在限定的区域和警戒区域内运行,如果无人机运行者想要在限定区域或警戒区域以外飞行,就必须取得 COA。据此,COA 程序保证了 FAA 对在非限定空域飞行的无人机的数量的管控。

无人机的运行必须在限定区域和警戒区域外的每个 FAA 区域均取得 COA,每个 COA 的有效期在 1 年以内,而且还要求飞行时间和线路不会对其他飞行器和地面人员造成危险。COA 的申请必须包含对计划的飞行情况(包括空域类型、无人机的物理特性、驾驶方法、与"看见-避让"相同的避撞措施情况、与机长和 ATC 通信的方法、飞行线路、在必须中止飞行或通信失败时的终极程序以及 COA 要求的适航证明等)的详细描述。

随着美国"全球鹰"无人机的发展,美国空军(USAF)与 FAA 合作为"全球鹰"无人机建立了 NCOA(National COA),将运行所有"全球鹰"无人机的批准时间缩短到了 5 天。然而,NCOA 只适用于在限定区域包括起飞和着陆在内的国内运行。

关于"看见-避让"的安全性问题,FAA 要求无人机具有与有人驾驶飞机"看见-避让"要求同等的安全标准。同时,FAA 对申请 COA 的无人机要求其必须配备标准的飞机防撞灯,并且在飞行过程中全时开启;此外,无人机还必须配备 FAR 所要求的高度编码转发器,转发器必须依据 ATC 指定的编码运行,除非另有授权,无人机机长必须能够在飞行过程中重新设置此种编码;如果转发器一旦出现故障,ATC 则能够全权决定是否取消飞行。为了能够和 ATC 的相关设备进行通信,要求其能够与机长实现即时双向无线电通信,但在有限范围和短暂的飞行时,也允许使用替代方式进行通信。

通过以上分析可知,FAA Order7610.4k 是允许无人机在限定空域和警戒空域之外空域飞行的一份制度障碍,之所以这样说,主要是因为该规定一般要求 60 天的间隔时间。而且,该规定只适用于军用无人机的运行,并不适用于民用无人机。另外,其也不允许只需在非限制空域和非管控空域(如 G 类空域)内运行之无人机的运行。

(四)美国无人机管控的基本经验

无人机在美国军事、民事和商事以及政府任务的执行方面均得到了广泛的运用。其主要应用在以下领域:国土安全部用于边境和港口的监控、NASA 和 NOAA 用于科研和环境监测、执法机构用于公众安全、一些州立大学的研究,以及公共(政府)机构的其他各种用途。无人机在民事领域的应用也在逐渐扩大,主要包括商业摄影、航空测绘、农作物监测、广告、通信和广播等。

关于无人机的运行方式,除了建模人员的娱乐性用途(Recreational Use)之外,在限制空域(Restricted Airspace)以外的 NAS,UAS 还可以两种方式运行:即实验性特殊适航证(Special Airworthiness Certificates in the Experimental Category,SAC-EC)和豁免或授权证。相应的,不同类型的无人机所遵循的认证方式也有所不同。

(1)模型飞机。FAA 咨询通告(AC)91-57 中涵盖了用于娱乐性用途的 UAS,一般限制其在低于 400 ft 以下的地面上,且远离机场和空中交通的 NAS 中运行。

(2)实验性 UAS。对于 UAS 和选择性驾驶飞机(Optionally-Piloted Aircraft,OPA)的民间运营商而言,SAC-EC 是唯一的认证方式。由于监管的需求,该项核准排除了将其用于载运人员或财产而获得报酬或用于出租,而只允许用于研究和开发、市场调查和机组人员培训。自 2005 年 7 月以来,FAA 已经向 13 个民间运营商一共核发了涵盖 20 种 UAS 和 OPA 类型的 94 个 SAC-EC。FAA 则与这些运营商合作以收集技术和业务数据,从而完善 UAS 适航认证程序。

(3)公共 UAS。COA 程序主要是针对公共机构,包括军事、执法和其他想要在民用空域运行 UAS 的政府机构。申请人在网上提交申请,FAA 对其进行审查。FAA 核发一个 COA 一般基于以下原则。

1)COA 授权运营商使用限定的空域,还包括针对一些拟定的运行计划的特殊规定。例如,一个 COA 可能包括仅仅在目视飞行规则(VFR)和/或仅在白天的一项运行需求。大多数的 COA 都有一定的有效期(在大多数情况下,最长的为一年)。

2)大多数 COA 需要与一个适当的空中交通管制设施进行协调,而且可能要求 UAS 配备一个转发器,以便其在特定类型的空域运行。

3)由于 UAS 不能像有人驾驶飞机一样遵守"发现-避让"的运行规则,因此,在限制其他使用者的空域之外运行时,视觉观察员或所附的"追逐"飞机必须作为 UAS 的"眼睛",并时刻与其保持视觉的联系。

截至 2021 年 12 月底,FAA 已经核发了近 13 000 个 COA。

(4)民用 UAS。随着小型 UAS 规则的拟定和民用 UAS NAS 一体化进程的逐步更新,FAA 正在制定计划以期将民用 UAS 安全的整合到 NAS。该计划将勾勒出 FAA 所要制定的安全一体化标准和政策的研发需求。现在正处于过渡阶段,随着时间的推移,其最终将被整合到未来的 NAS。

美国 NAS 包括平均每天超过 10 万的航空业务,包括航空运输、空中的士、通用航空、军用飞机等。至关重要的一点就是 UAS 的运行不能危及当前 NAS 使用者,包括有人驾驶和其他无人驾驶飞行器,或地面上的人或财产的安全。因此,FAA 的作用集中体现为安全第一。

三、澳大利亚无人机管控概况

(一)澳大利亚无人机管控运行机制

澳大利亚无人机管控机构是澳大利亚民用航空安全局(Civil Aviation Safety Authority,CASA),其在无人驾驶飞行器系统运行领域处于世界领先地位。早在 2002 年,CASA 就已经发布了世界上第一个专门针对无人机运行的规范,即:《民用航空安全条例》(CASR)第 101 部分——"无人驾驶飞行器和火箭作业"。

在该条例所提供的框架之下,所有类型的遥控飞机(Remotely Piloted Aircraft,RPA)都可以在澳大利亚空域内运行,但是技术的进步和活动水平的迅速增加表明其似乎已经有些过时了。因此,CASA 成立了专门的项目组来审查该条例,并且为无人机在澳大利亚商业化运作的监管要求和审批程序提供了更加全面的指导性意见。同时,该指导性意见将考虑把 RPA 长期纳入到正常的航空业务中使其可以在所有类型的空域中运行。

该项目分两个阶段进行。第一阶段涉及一系列指导性意见的提出,主要针对无人机运行、制造和维护阶段的运营商,远程 UAS 飞行员,制造商及其维护者,使其能够以安全、合法的方式运行。第二阶段则包括对 CASR 第 101 部分进行审查,以及在必要时对其进行修订。修订后的《条例》则必须包括无人机的制造和维护、许可、安全以及空域使用等有关问题。此外,在航空和一般团体内有关无人机风险管理的行业和公众教育也势在必行,以确保每个人都了解与无人机运行有关的安全问题。

(二)澳大利亚无人机管控规章制度

澳大利亚关于无人机管控的规范主要包括两种:民用航空安全规章(Civil Aviation

Safety Regulations,CASR)和咨询通报(Advisory Circular,AC)。其中,CASR 的制定由澳大利亚基础设施与交通部(Department of Infrastructure and Transport)于 1998 年完成,最近的一次修订是在 2011 年;ACs 则是 CASA 针对 CASR 所制定的、为遵循 CASR 提供的建议和指导,或通过一些说明性的材料来解释某些特定的管理需求。相比作为法律实施的CASR 而言,ACs 通常只具有建议的性质,并没有强制约束力。

与美国 FAA 在其 FARs 中没有对无人机做出专门的规定不同,澳大利亚 CASA 在其2002 制定的 CASR 第 101 部分专门针对无人机做出了规定,即"无人机和火箭运行"(Unmanned aircraft and rocket operations)。如前所述,该规定为在澳大利亚空域内飞行的所有类型无人机的运行提供了一个整体框架。同年 7 月,CASA 又针对此部分同时颁布了三个咨询通报(ACs),分别为:

(1)AC 101‐1(0):无人机和火箭——无人机运行、设计规范、人力资源的维持和培训。

(2)AC 101‐2(0):无人机和火箭——火箭。

(3)AC 101‐3(0):无人机和火箭——模型飞机。

此外,美国 FAA 将非娱乐性用途无人机的运行排除在模型飞机所适用的 AC 91‐57之外,并且对此专门做出了政策声明。比较而言,CASA 的做法与 FAA 有类似之处,却又不完全相同,其针对 CASR PART 101 部分也专门制定了 ACs,即针对无人机、火箭和模型飞机的运行分别做出了三个 AC,不同之处则在于 AC 101‐3(0)明确将模型飞机界定为运动和娱乐目的,并明确说明其他目的的模型飞机也属于"无人机",其运行同样适用关于无人机的规定。据此,ACs 的制定能够为无人机系统运行者、远程飞行员、制造商和维护者,以及无人机的安全运行和维护提供更好的指导。

(三)澳大利亚无人机空管服务保障方法

1. 经营许可证(Operator Certificate,OC)的取得

商用无人机的运行必须以取得 OC 为前提,但 OC 的取得并不要求其运行者必须达到专门针对有人驾驶飞机的"航空经营许可证"(Air Operator Certificate;AOC)所要求的标准。如果提交执照申请的无人机运营商或个人能够在达到 OC 最低标准的情况下安全运行无人机,并且符合 CASA 根据无人机类型和计划运行地点认为所必须达到的其他相关要求,CASA 即可向申请人颁发 OC。[①] 关于申请时间问题,CASA 的规定较 FAA 更为合理,在澳大利亚,OC 的首次申请时间可能会长达 90 天,但是延期申请在 30 天之内即可完成。[②]

同时,对于已经取得 OC 的无人机,其运行也必须遵循 CASA 的指导,这里主要是指AC 101‐1(0)的相关规定,即在评估时必须将无人机系统作为一个整体来对待,也就是说要综合评价无人机、无人机地面控制系统、通信和数据连接系统、维修系统和运行人员等各项内容。[③]

---

① 参见 AC 101‐1(0):§ 12.2.2。

② 参见 AC 101‐1(0):§ 11.3‐11.5。

③ 参见 AC 101‐1(0):§ 4.2。

2.无人机系统的运行

根据 AC 101-1(0)的规定,如果无人机运行机组成员能够持续监测无人机与 ATM 的通信线路,并且飞行员有能力对无人机启动紧急控制,无人机也可以自动运行。[①]

无人机系统在澳大利亚管控空域内运行所遵循的一般规则比较简单,概括来讲,即:无人机必须能够完全遵循有人驾驶飞机在同种类空域运行所需达到的全部要求,包括设备要求和 ATC 规章。[②] 这就要求无人机生产商制造出来的无人机能够与在同类型空域飞行的有人驾驶飞机同样安全且无缝地运行。

若无人机与有人驾驶飞机共同在地面以上 400 ft 的空域中运行,则无人机运行者必须提供能够依据 IFR 程序的运行计划,且该计划必须表明没有机载飞行人员以及飞行的其他细节。[③]

关于避撞问题,CASA 可以要求大型无人机(一般是指 150 kg 以上的飞机[④])装备二次监视雷达转发器、避撞系统或一个与该型号无人机运行相适应的前视电视机。[⑤]

在远离机场的无人居住区,在地面以上、400 ft 以下空域运行的小型无人机(一般指 100 g 以上、150 kg 以下的飞机[⑥]),其运行者或飞行员只需保证飞行中的航线清晰以及其他低水准的空中交通安全即可。由于没有 ATC 提供的指导和说明,无人机应当依据 CASA 批准的和强制性的飞行规则运行。[⑦]

根据 AC 101-1(0),在飞行计划中应当详细阐明在无人机失去控制或与 ATC 失去通信时所应采取的措施。同时,CASA 建议在机长对无人机失去控制时,无人机应当自动运行至预先指定的区域,以便恢复控制或终止飞行任务。需要注意的是,无论基于何种原因导致对无人机失去控制时,均应通知 ATC。如果无人机机长与 ATC 失去联系,则其应当尝试建立其他替代方式的通信(比如电话),且无人机应当根据最后收到的指令飞行。如果不能与 ATC 重新建立联系,则应当终止无人机的飞行。[⑧]

在与 ATC 的对接方面,根据 AC 101-1(0)的规定,应当采取与有人驾驶飞机相类似的方式进行。[⑨]

3.适航证明的取得

CAR1998 的 Part 21 对适航证明的取得做了相关规定,而 AC 101-1(0)也指出生产者

---

① 参见 AC 101-1(0):§5.2.2。
② 参见 AC 101-1(0):§5.1.1。
③ 参见 AC 101-1(0):§5.6.1。
④ 参见 CASR:§101.240。
⑤ 参见 AC 101-1(0):§5.7.2。
⑥ 参见 CASR:§101.240。
⑦ 参见 AC 101-1(0):§§7.1.1-7.1.2。
⑧ 这与 FAA 在有人驾驶飞机在如此情形下应当采取的措施类似。
⑨ 参见 AC 101-1(0):§5.13.1;§5.13.4;§5.13.6。

适航证明的取得是其在无人机设计的过程中需要予以考虑的问题,而无人机系统的设计应当使发生故障的机率最小化。但是,AC 101-1(0)所提及的设计标准也只是广泛的、一般性的规定,而缺乏具体的技术性规定。

目前,如果在澳大利亚设计和制造无人机系统,制造商将不得不从当前与有人驾驶飞机相关的设计标准入手,然后通过与CASA进行个案谈判以求降低标准,这使得监管者和生产者在设计和对相应标准的证明上都比较麻烦。因此,CASA想要通过适当的指导性意见,在该指导性意见中,既"描述了基于运行水平的要求,又表明了可以接受的偏差",从而将一系列的规章整合到一起。据此,制造商们即可在将方案提交给CASA最终决定之前制定自己的标准。而CASA在对申请进行了相应的风险评估之后,如果认为其符合标准,则可在授予无人机型号证书的同时,授予其运行者执照。

在对标准、规章和指导性意见进行适当改进时,CASA必须与ICAO及其他规章制定机构的相关要求保持一致。目前,CASA正在和一些工业机构进行合作,以确保一般适用规则和相关规章的迅速发展,从而提供与有人驾驶飞机同等的安全水平,最终使得无人机系统被完全地、无缝地整合到非隔离空域。

4. 飞行员的执照和训练要求

目前,无人机飞行员的执照和训练要求与有人驾驶飞机飞行员的要求基本相同,包括航空知识和运行能力等,但对前者医学方面的要求没有如后者那样严格。[①] 另外,CASR根据远程引航站(Remote Pilot Station,RPS)环境、遥控驾驶飞机申请和飞机型号的不同本质和特性,对有关要求也相应地做出了特殊的调整。而对一些遥控飞机机组成员资格条件的要求则可能与传统有人驾驶飞机的资格要求有很大的不同。

根据CASR 1998 Part 101,一个无线电操作员证书的取得需要通过航空执照理论考试、仪表等级理论考试,并完成无人机生产商为该型号的无人机运行所设置的课程,同时,还必须具有在非管控空域运行无人机5个小时以上的经验。[②]

(四)澳大利亚无人机管控的基本经验

1. 与工业的对接

标准化咨询委员会(The standard Consultative Committee,SCC)由CASA和一些航空工业机构以及其他团队共同成立,其任务是为CASA在规章的发展、标准和其他相关的咨询方面提供建议。无人机工作小组是SCC的一个下属委员会,其成立的目的是发展无人机规章和指导性意见。

CASA为无人机建立了一个网站以期为无人机的安全运行提供最新消息,并通过对近期发生的无人机事件进行分析,从而为航空工业机构提供建议。

---

① 参见 AC 101-1(0):§ 11.3.1。
② 参见 CASR:§ 101.295。

2.无人机运行的空域使用

澳大利亚拥有大量既不拥挤又隔离的空域,这使得其能够提供大量空域以供无人机的运行使用。目前,澳大利亚有若干个有关无人机和有人驾驶飞机同时安全有效利用空域的项目正在进行,比如:能够在复杂空域中提供隔离保护的自动管理隔离系统、能够避让活动或静止障碍的有人驾驶飞机和无人机的监测和避让系统等。

除此之外,CASA还与工业、学术、军事和其他政府部门紧密合作,以确保无人机系统的安全运行。

3.飞行员训练和获得执照的标准

管理机构专门为RPA所设计的一系列训练标准已经制定出来,具体包括人员因素、安全管理系统、风险评估和管理等内容。如果这些标准被致力于无人机训练和运行的相关航空工业机构所采用的话,那么适当飞行标准的建立、相应安全水准的保持也将会很容易实现,而取得公众对无人机系统的信任也不至于像以前那样困难。

同时,一系列的能力训练标准业已出台并涵盖了无人机的训练标准,但其中有些标准适用于所有类型的无人机,而有些只适用与某些特定类型和种类的无人机。

目前,CASA正在和澳大利亚交通和物流产业技能委员会(Australian Transport & Logistics Industry Skills Council)合作,以期为无人机建立一个特殊的训练项目,旨在弥补CASR part 101 中关于遥控飞机飞行员执照资格相关规定存在的缺陷。

四、英国无人机管控概况

(一)英国无人机管控运行机制

英国民用航空局是英国专门负责航空监管和提供空中交通服务的机构,因此,包括无人机在内的所有飞行器的运行和管控也均由CAA负责。

(二)英国无人机管控规章制度[①]

目前,英国所有的飞机运行均服从于英国空中航行法令(the Air Navigation Orders, ANO),因此,关于无人机系统在管控空域内运行的所有规章也均来源于ANO。2021年1月1日起,英国退出欧洲航空安全局(EASA),其飞机及相关技术的认证由英国民航局来负责。英国无人机管控所遵循的法律和政策同时必须符合欧洲航空安全局有关无人机的规章和实施细则,但"National Regulation"则由各成员国自己制定。再者,英国也是《芝加哥公约》的缔约国,其无人机管控规范也必须与其保持一致。据此,目前,英国无人机领域的管控规范主要包括以下部分:

---

① 英国的航空类规章,根据飞机的用途不同相应的也区分为民用和军用两种。军用飞机的管控规章由国防部(the Ministry of Defence)负责;而非军用飞机的运行则必须服从英国航空安全立法民用部分的要求。对于海关、警察及其他类似用途的飞机却没有做出特殊的规定。

1. ANO 和空中规则

英国民用航空的相关要求大部分是由 ANO 规定的。ANO 和空中规则（Rules of Air）的规定涉及设备配置要求、运行规则、人员执照要求、机场规章和空中交通管理规章，这些规定适用于所有的非军用飞机、组织、个人和设施。同时，在英国登记的非军用飞机还必须取得 CAA 依据 ANO 颁发的适航证明和飞行许可，但"小型飞机"例外，亦即"小型飞机"不适用上述规定。根据 ANO 的规定，小型飞机是指重量在 20kg 以下的无人机。而根据 ANO 第九十八条的规定，小型无人机在不符合适航要求、飞行员执照要求和空中规则时仍然可以飞行，但其飞行必须受以下限制：除非得到空中交通管制单位的许可，否则禁止在管控空域和机场交通区域飞行；运行高度不得大于地面以上 400 ft；未经 CAA 特别许可，不得基于高空作业的目的而飞行。除此以外，CAA 还可以依据 ANO 第一百五十三条的规定，授予那些不能适用 ANO 和空中规则相关规定的无人机（20kg 以上的非"小型飞机"）豁免权，从而使得那些在取得许可机构的许可生效之前已经飞行的无人机，在没有此许可的情形下可以继续飞行。

2. CAP 722

迫于英国无人机系统团体的压力，CAA 在 2002 年开始着手制定规章框架，即"CAP 722——英国空域无人机运行指导"（以下简称"CAP 722"）。CAP 722 是由 CAA 颁布的关于在英国管控空域内使用无人机的指导，在 ANO2009 颁布之前，其只是一个行业参考文件。到目前为止，CAP 722 共有十一个版本，最新的版本是 2022 年版，其根据 ANO2009 中新引进的规则修订而成。CAP 722 是由 CAA 的空域政策理事会（Directorate of Airspace Policy，DAP）在咨询英国工业，尤其是无人机系统工业之后编制而成的。CAP 722 的内容结合了民事指导和军事指导，它的制定是为了帮助无人机的参与者得知认证的方法，以确保所有的无人机运行者均符合所要求的标准；其目的是强调无人机被允许在英国空域运行之前必须符合适航性和运行标准。而视觉控制范围之外的无人机飞行活动则被限制在隔离空域，尽管如此，CAP722 的最终目标是制定一个规章框架，从而使无人机能够与有人驾驶飞机一样能够活动于英国的所有空域。

3. 关于轻型无人机系统的政策

早在 2002 年，英国就第一次颁布了关于军用和民用无人机系统的认证和运行政策。根据该政策规定，民用有人驾驶飞机的相关规则被适用于无人机系统，包括无人机系统适航性的认证、参与无人机系统设计、生产、维修和运行的组织的认证。在 CAP 722 制定和 EASA 成立后，CAA 对无人机政策进行了多次修订，但是其发现对于 150 kg 以下的无人机系统很难适用 CAP 722 的规定。为了处理这种轻型无人机系统的运行障碍，CAA 专门制定了关于轻型无人机系统的政策，以确保在为轻型民用无人机系统的运行提供途径时保持相关的安全标准。此外，能够证明可以适用该政策的无人机以及在安全风险方面与现有的模型飞机等同的无人机，可以获得英国国家规定的豁免。但也并非所有的 150kg 以下的无人机在该政策下均可以获得豁免,对于没有得到豁免的无人机仍然应当适用 CAP 722 的一般规定。

4.EASA 规章及其实施细则

EASA 关于适航性认证和持续适航的规章及其实施细则适用于民用无人机的运行,但有以下三种例外情形:①专门为研究、实验和科学目的而设计、改造且不量产的飞机;②起初设计目的仅为军用的无人机;③150 kg 以下的无人机。另外,EASA 规章及其实施细则对军用无人机和国家无人机(海关、警察及其他类似用途的无人机)的运行也不适用,但各国应当确保以上无人机运行尽可能的实现 EASA 规章的目标。对于以上三种类型以外的民用飞机(包括无人机)的运行均应适用 EASA 规章及其实施细则;除了需要有 EASA 的适航性证明外,其运行还应当遵循成员国关于适航证明和持续性适航的国家规定。除此之外,关于设备配置要求、运行规则、人员的执照、机场规章和空中交通服务规章,EASA 均没有做出统一规定。对于 EASA 未作规定的所有事项,均由成员国自行规定。

5.《芝加哥公约》

作为《芝加哥公约》的缔约国和 ICAO 的成员国,英国民用航空局应当遵守《公约》及其附件中有关无人机的规定。

(三)英国无人机空管服务保障方法和无人机管控的基本经验

该部分内容主要来自于 CAP722 中 ATM 的相关规定,具体内容如下:

1.民用无人机 ATM 程序

英国的空中交通服务由经过适当训练的人员提供,其应当能够提供空中交通管制、英国飞行情报服务(UK Flight Information Services)和空中/地面通信服务(Air/Ground Communication Service)这三种服务中一种或一种以上的服务。[1]

一个 ATS 单位可以在划定的地理界限内提供服务,比如在特定的空域部分;也可以在一般区域内提供服务,比如在一个机场附近。[2] 飞机飞行和 ATS 规章的内容因空域划分、天气状况、飞行规则、ATS 单位类型的不同而有所不同,[3]所以,并不是在同一地区的飞机都联系同一个 ATS 单位,也并非在相同的规则下运行。[4] 管理无人机运行的人员应当熟悉无人机飞行的任一空域所适用的规则和程序。[5] 另外,无人机的运行应当让 ATS 提供者知情,飞行员应当在与有人驾驶飞机飞行员相同的时间内以相同的方式遵循 ATS 单位的空中交通管控指令或信息请求。[6] 在英国空域中运行无人机系统需要向 CAA 安全规章小组

① CAP 722 (10):Section 3 Chapter 6 §1.1。
② CAP 722 (10):Section 3 Chapter 6 §4.1。
③ CAP 722 (10):Section 3 Chapter 6 §4.2。
④ CAP 722 (10):Section 3 Chapter 6 §4.3。
⑤ CAP 722 (10):Section 3 Chapter 6 §4.4。
⑥ CAP 722 (10):Section 3 Chapter 6 §4.5。

(Safety Regulation Group;SRG)或空中交通标准部(Air Traffic Standards Division)提交安全评估报告,证明其已经通过 ATS 或其他措施对其他空域使用者可能带来的相关风险进行了鉴定和评估,且已经将风险减小到了合理的水平。① 如果意欲在隔离空域运行无人机,则该项安全评估应当反映出为避免无人机之间以及无人机与有人驾驶飞机之间在空中发生碰撞而采取的措施。同时,为了减少因无人机或有人驾驶飞机意外地进入隔离空域而发生的事故,该项安全评估还应当包含对于此种情形的安全性论证。②

2.民用无人机 ATM 紧急程序

ATM 在处理无人机的紧急情况时,应当采取与有人驾驶飞机相同的程序,并与管控者、部队联合参谋部军官(FISO)以及陆空无线电报务员进行合作,以期使无人机不造成人员伤亡。如果可能的话,在不造成财产损失的情况下恢复运行或者安全着陆。然而,无论在任何情况下均应首先保证相关人员的人身安全。因此,ATM 的程序应当集中在如何帮助飞行员在不危及其他空域使用者或地上人员的情况下处理无人机的紧急情况上。尽管 ATS 提供者在紧急情况下能够提供一定程度的帮助,但最终能否安全应对紧急情况的这一重担则一定是由飞行员肩负的。③

无人机运行者应当在对无人机失去控制或控制受到显著限制时,向相关 ATM 机构发出紧急通知,此通知应当包括了解到的无人机最后的位置、高度和速度及其他充足的附加信息,进而对其他空域使用者和机场经营者做出危险警示。这一安排应当反映在无人机运行者的安全性评估之内。④

3.军用无人机 ATM 程序⑤

根据国防部的相关政策,在遵循规章方面,无人机应当与有人驾驶飞机处于同一个水准。根据空中规则(R307),在不同类型的空域运行所需要的批准方式不同,因此,在没有经过适当方式批准的情况下,禁止无人机在英国的非隔离空域运行。如果无人机在英国隔离空域(比如:危险区域、其他运行区域、暂时隔离空域等)飞行,则将会被提供与有人驾驶飞机相同安全水准的避撞服务。而如果无人机在隔离空域而非危险区域飞行,则其将会被基于个案考虑,并要求其与 DAS 和 DAP 保持密切联系。在隔离的管控空域(ICAO 的 A－E 类空域)内,英国军用无人机应当以 OAT 并且根据仪表飞行规则(IFRs)飞行。空中交通管制当局认为,有关无人机 ATS 的规章应当保持透明性,包括从着陆的预先通知开始所有的飞行步骤,以及在无线电话、应答数据程序方面,无人机和有人驾驶航空器在同一空域内飞行,必须与有人驾驶航空器执行同一法规,空域管控者和无人机飞行组织、操控人员既不能适用

① CAP 722 (10);Section 3 Chapter 6 §4.6。
② CAP 722 (10);Section 3 Chapter 6 §4.7。
③ CAP 722 (10);Section 3 Chapter 7 §3.1。
④ CAP 722 (10);Section 3 Chapter 7 §1.2。
⑤ CAP 722 (10);Section 4 Chapter 4 §3.1。

— 110 —

不同的规则,也不能适用不同的标准。

五、巴西无人机管控概况

(一)巴西无人机管控运行机制

巴西无人机运行的主要管控机构有巴西民用航空局(ANAC)[①]和巴西国家电信局(ANATEL,National Telecommunications Agency)。其中,ANAC主要负责以下事项:①注册;②飞行认证(试行);③第三方保险;④起草RBAC 93(运行);⑤起草IS nr 21-002(适航性-飞行批准)。而ANATEL则主要负责:①无线电通讯执照;②无人机使用频率的界定(WRC 2012,by ITU)。

此外,ANAC还专门成立了遥控飞机工作组,该工作组主要任务是制定适用遥控飞机的特殊规则。其成员包括:ANAC(适航、航务、航空医学、飞行评估)、巴西空域管理局[②](DECEA,负责空中交通管制)、ANATEL(Telecommunications Agency)和联邦警察部门(DPF,Federal Police Department)。

(二)巴西无人机管控规章制度

在2010年9月23日发布的航空情报通告AIC A 15/10中,对无人机及其相关概念进行了界定。

1.无人机的定义

"UAS"是指一个航空器及其附属设备不需要机上的飞行员操纵就能运行;"UAV"则是指一种航空器不需要有机上的飞行员就能飞行,这种航空器有一定的负荷量,且其不仅仅限于娱乐目的,包括所有的飞机、直升机和三轴控制的飞艇,但不包括传统的气球和模型飞机。

遥控飞机属于无人机(UAV)的一种,指飞机上不需有飞行驾驶员。遥控飞机由位于远程操作站(Remote Pilot Station)的遥控飞行员(Remote Pilot)操控。遥控飞机的机组成员还包括远程观测员(Remotely-Piloted Aircraft Observer),其通过目视观测遥控飞机,以帮助遥控飞行员安全操纵飞行。

与遥控飞机有关的是追逐飞机(Chase Aircraft),它是一种有人驾驶飞机,跟随遥控飞机以保证其免于碰撞障碍物和其他航空器,其机组成员最低应包括一个飞行员和一个遥控飞机的观测员。无人机(UAV)还有一个亚类是自动航空器(Autonomous Aircraft),是一种无人驾驶的航空器,其飞行管理不需外在干预。自动航空器与遥控飞机的区别是,其运行通过预设程序间接地控制,而遥控飞机则由远程操作站的飞行员直接控制。

需要注意的是,这些概念、术语均是严格界定的,不得随意改变。

2.无人机的运行分类

根据遥控飞机的性质,其运行可分为两类,第一种是非机密的飞行,即一般性质的运行,

[①] 巴西民用航空局(ANAC)是巴西的民用航空管理机构,成立于2006年3月20日,其总部设在巴西利亚,该机构在贝洛奥里藏特,阿雷格里港,累西腓,里约热内卢,圣保罗,萨尔瓦多和马卡办事处。ANAC主要负责制定民用航空法规、航空安全和保安监督。

[②] 巴西空域管理局(DECEA),附属于巴西国防部和巴西空军,主要负责管理所有有关巴西空域效率和安全的活动,任务有管理和控制空中交通以及保证空中防御。

在通用空中交通(CAG)中运行,由地区单元和空域管理局(DECEA)负责协调;第二种是保密运行,在军事活动区(COM)中运行,由地区单元和领空防御司令部(COMDABRA)负责协调。

另外,根据遥控飞机的外形,其运行也可分为两类,第一种是视线之内的运行(目视飞行,VFR),飞行员或观测员能够直接看到遥控飞机;第二种是视线之外的运行,包括仪表飞行(IFR)或目视飞行(VFR),不需要同遥控飞机保持视觉联系。

(三)巴西无人机空管服务保障方法

无人机在巴西空域的飞行申请,须提前 15 日提交给巴西民用航空局(ANAC)的地区单元①(CINDACTA Ⅰ,CINDACTA Ⅱ,CINDACTA Ⅲ,CINDACTA Ⅳ and SRPV-SP),这些地区单元(Regional Unit)主管飞行所在的空域,并在通用空中交通(CAG)中负责批准无人机的飞行。申请书中应包括足够多的有关空域管制的信息,具体包括:

(1)航空器的物理特征(尺寸、重量、固定翼/旋转翼,发动机的型号等)和远程操作站。

(2)航空器的飞行特征(速度、升限、续航时间、起飞/发射方式和着陆/回收方式等)。

(3)与空中交通管制机构的通信能力,如果可适用的话。

(4)意图飞行的特点(飞行的确切位置,包括线路、高度、日期/时间和持续时间)。

(5)远程操作站的位置。

(6)有关有效载荷的信息,如果可适用的话。

(7)失去联系后采用的程序。

(8)遥控飞机的导航和侦测、躲避能力。

(9)联系电话或传真号码;或电子信箱;以及其他必要的信息和意见。

地区单元在接到使用者的飞行申请后,应在 5 个工作日内准备一个报告,这个报告至少应包括以下各点:

(1)无人机的飞行对空中交通流量的影响。

(2)目标区域的确切位置与终端区、空中交通模式、空中交通服务(ATS),标准仪表离场(SID)和仪表进近图(IAC)的关系。

(3)在飞行区域,有关人口和建筑物集中程度的信息。

(4)飞行的性质,是民用、警用还是军用。

(5)如果有的话,对最初申请的限制和改变;和其他必要的信息和意见。

另外,如果批准申请需要作一些调整,地区单元应联系空域使用者,检查这些调整的可行性,使其能够符合 AIC A15/10 的规定和进一步的飞行授权。与此同时,地区单元的报告须存档,并且在巴西空域管理局(ANAC)需要的时候提供。

申请的结果分为通过和拒绝,如果飞行申请被批准了,地区单元应采取所有需要的措施以保证其能够实行,并且用传真告知使用者和空域管理局(DECEA)这个决定,说明这次飞行必须满足的所有条件。如果地区单元考虑这次飞行申请不能满足相关规定,它应该通过传真告知空域管理局(DECEA)其决定,说明其不批准申请的原因。空域管理局(DECEA)

---

① 巴西空域管理局的区域单元包括:圣保罗地区飞行保护服务中心(SRPVSP)、防空和空中交通管制联合中心(CINDACTA)。

接到报告后,应复核地区单元的报告并且决定此次申请是否应被批准,在 5 个工作日内做出决定并通知。在这种情况下,地区单元应该让使用者了解程序的进展。根据使用者的申请和地区单位的分析,飞行申请的批准最长可达 6 个月。当然,如果军事机构和公安机构(如警察和国家税务局)使用无人机,考虑其任务所要求的特殊性,其飞行申请可以特殊对待。

(四)巴西无人机管控的基本经验

总的来说,为了使遥控飞机安全、有序地使用巴西空域,对其飞行申请的批准应立足于个案评估,综合考虑申请的特殊性以及巴西空域控制系统中所有使用者的安全,以下要点应被考虑:

(1)无人机运行不应给生命和财产带来危险(包括空中和地上)。

(2)无人机运行至少应满足同载人航空器运行一样的安全标准。

(3)不得在城市、城镇、聚居区或者户外人群上空飞行。

(4)无人机运行应适用现有的规章制度,并且不得从空中交通管制单位获得任何特殊对待。

(5)飞行可以只能在航行通报界定的隔离空域进行,禁止与载人航空器共同使用一个空域。

(6)如果无人机在一个共享机场运行,投放回收时禁止使用汽车或相似的程序,利用机场起降航线飞离和降落直至其完全停止。①

须注意的是以上的飞行申请程序仅适用于通用空中交通中的飞行。军事活动区(机密运行)的飞行申请另有特殊的规则。

六、马来西亚无人机管控概况

(一)马来西亚无人机管控运行机制

在马来西亚,没有专门的无人机管控机构,包括无人机适航性认证、飞行规则、飞行安全和空中交通管制等在内的相关事项均由马来西亚民用航空局(Department of Civil Aviation,DCA)负责。

(二)马来西亚无人机管控规章制度

DCA 航空情报资料处于 2008 年发布了第四期航空情报通告(AIC),对无人机的定义、运行资格、空管等方面做了规定。其将无人机(UAV)定义为:无人机是指一种不需要飞行员在飞机上操控就能运行的航空器(其中重量不超过 20kg 的属于小型航空器,其飞行要求及政策也具有特殊性)。另外,《芝加哥公约》、1969 年《民用航空法令》和 1996 年《民用航空条例》中有关民用航空器的规定也适用于民用无人机。

---

① 原文:"When a shared aerodrome is used for UAV Operation, the operations must be halted from the beginning of the taxi or equivalent procedure until leaving the traffic pattern at the departure, and from entering the traffic pattern until its complete stop at the arrival."

(三)马来西亚无人机空管服务保障方法

1. 无人机的适航性认证和注册

关于适航性认证和注册,最大起飞质量超过 20 kg 的民用无人机必须经过 DCA 的适航性认证和注册,而小型航空器(质量小于 20 kg)则无这样的要求。小型航空器主要是指一些娱乐用模型航空器,其在管制空域或机场交通地带的最大飞行高度通常不得高出地面 400 ft,且不得进行以空中作业为目的的飞行,除非事先获得了空中交通管制单位的许可。

2. 无人机指挥者和飞行员的要求

航空情报通告(AIC)第七条规定了无人机指挥者(UAV-C)及无人机飞行员(UAV-P)的资格及要求。无人机指挥者和无人机飞行员均需持有合法有效的马来西亚私人飞行员驾照,且都必须满足经批准的无人机飞行作业手册中所规定的训练、飞行资格、熟练性等要求。

其中,无人机指挥者对无人机的运行和飞行安全负全部责任,在类似的空域内执行类似的任务时,无人机指挥者承担与载人航空器机长或驾驶指挥员相同的运行安全责任。

3. 飞行活动

AIC 第八条是"无人机的飞行活动",规定无人机应在现有规定内飞行,如果未满足安全需求,无人机不能自动享有空域使用权。而且,为了与其他空域使用者合作,无人机运行者必须确保其飞机遵守适用于载人航空器的规则和程序。另外,无人机运行者须保证其在马来西亚危险区域之外的常规飞行不会增加对现有空域使用者的风险,也不能排除现有的空域使用者对其空域的使用。无人机应遵循空中交通管制的指令,以及它们将要运行的空域级别所要求的设备要求。

4. 空中交通管理

AIC 第十一条规定了"空中交通管理(ATM)程序",其中无人机的运行应对空中交通服务提供者公开。无人机飞行员须和载人航空器飞行员一样,在相同时间范围内以同样的方式遵守一切空管指令或者应空中交通服务单位之要求提供信息要求。

5. 无人机在马来群岛运行的一般规则

AIC 第九条是"无人机在马来群岛运行的一般规则",规定在某些空域种类中强制安装载人航空器使用的特殊设备(例如二次监视雷达),也适用于意图使用这些空域的无人机,此类设备应被视为最低要求。

在禁飞区、即制区或保留空域外的所有飞行,无人机飞行员必须持续监控无人机的运行及所有与空中交通管制部门的联系。无人机飞行员必须在任何时候都能对无人机采取及时、有效的控制,并且须遵循空中交通管制的指令。

无人机需满足标准运行程序的要求,包括:①起飞和着陆程序;②失控数据联系;③关键系统崩溃后的终止程序。

6. 事件/事故报告程序

AIC 在最后规定了事故的报告程序,应报告的事故参考 1996 年《民用航空条例》第一百九十五条和附件 13 第 13 小节的规定。报告应当在报告人得知事故发生时起 48 h 内发出,进一步的报告须在报告人能够得知事故的新信息起 48 h 内发出,并附上了报告格式及相关程序表等。

（四）马来西亚无人机管控的基本经验

在马来西亚，无人机运行所遵循的总的原则是：无人机未经 DCA 事先批准不得飞行，而其运行则必须符合或超过有人驾驶飞机的安全及操作标准。

七、日本无人机管控概况

在日本，无人机的出现主要是由于国防需要。20 世纪 50 年代，日本开发出了第一架无人机用于技术演示。在后来的几年内，日本又相继开发出许多其他种类用于国防需要的无人机。20 世纪 80 年代以来，商用无人机的发展作为一个远距离、可控制、紧密的、覆盖性的航空系统也开始陆续开展，第一架商用无人直升机在 1988 年被引入市场。相对于商用领域而言，无人驾驶直升机在农业领域则已经取得了较大的发展。

日本将商用旋翼无人机广泛应用于农业生产，日本农林渔业部（MAFF）与其附属机构——日本农业航空协会（Japanese Agricultural Aviation Association，JAAA）首先提出将旋翼无人机应用于农业上。1989 年，MAFF 即发布了《农用无人直升机的暂时性安全标准》。两年之后，于 1991 年，其正式公布了《农用无人直升机的安全标准》。

JAAA 在无人机飞行、机身、监测和维修方面建立了安全标准。另外，不仅在农业应用，而且还在观测和环境应用方面，JAAA 能够执行安全运行旋翼无人机的任务。日本已经制定了要求运行者接受指定训练的系统、专门针对旋翼无人机运行的认证和对所有飞机、使用者以及顾客进行登记的系统，但日本并没有将无人机运行完全地设计进所有类型的空域。从根本上说，JAAA 所制定的安全标准以及认证和登记系统只适用于旋翼无人机在非管控空域运行，大部分只在地面以上 400 ft 以下飞行。

附 录^①

附录一　无人驾驶航空器飞行管理暂行条例

第一章　总　　则

第一条　为了规范无人驾驶航空器飞行以及有关活动,促进无人驾驶航空器产业健康有序发展,维护航空安全、公共安全、国家安全,制定本条例。

第二条　在中华人民共和国境内从事无人驾驶航空器飞行以及有关活动,应当遵守本条例。

本条例所称无人驾驶航空器,是指没有机载驾驶员、自备动力系统的航空器。

无人驾驶航空器按照性能指标分为微型、轻型、小型、中型和大型。

第三条　无人驾驶航空器飞行管理工作应当坚持和加强党的领导,坚持总体国家安全观,坚持安全第一、服务发展、分类管理、协同监管的原则。

第四条　国家空中交通管理领导机构统一领导全国无人驾驶航空器飞行管理工作,组织协调解决无人驾驶航空器管理工作中的重大问题。

国务院民用航空、公安、工业和信息化、市场监督管理等部门按照职责分工负责全国无人驾驶航空器有关管理工作。

县级以上地方人民政府及其有关部门按照职责分工负责本行政区域内无人驾驶航空器有关管理工作。

各级空中交通管理机构按照职责分工负责本责任区内无人驾驶航空器飞行管理工作。

第五条　国家鼓励无人驾驶航空器科研创新及其成果的推广应用,促进无人驾驶航空器与大数据、人工智能等新技术融合创新。县级以上人民政府及其有关部门应当为无人驾驶航空器科研创新及其成果的推广应用提供支持。

国家在确保安全的前提下积极创新空域供给和使用机制,完善无人驾驶航空器飞行配

---

① 附录为与原文件保持一致,计量单位未改为国际标准计量单位,名词术语未做统一。

套基础设施和服务体系。

第六条　无人驾驶航空器有关行业协会应当通过制定、实施团体标准等方式加强行业自律，宣传无人驾驶航空器管理法律法规及有关知识，增强有关单位和人员依法开展无人驾驶航空器飞行以及有关活动的意识。

第二章　民用无人驾驶航空器及操控员管理

第七条　国务院标准化行政主管部门和国务院其他有关部门按照职责分工组织制定民用无人驾驶航空器系统的设计、生产和使用的国家标准、行业标准。

第八条　从事中型、大型民用无人驾驶航空器系统的设计、生产、进口、飞行和维修活动，应当依法向国务院民用航空主管部门申请取得适航许可。

从事微型、轻型、小型民用无人驾驶航空器系统的设计、生产、进口、飞行、维修以及组装、拼装活动，无需取得适航许可，但相关产品应当符合产品质量法律法规的有关规定以及有关强制性国家标准。

从事民用无人驾驶航空器系统的设计、生产、使用活动，应当符合国家有关实名登记激活、飞行区域限制、应急处置、网络信息安全等规定，并采取有效措施减少大气污染物和噪声排放。

第九条　民用无人驾驶航空器系统生产者应当按照国务院工业和信息化主管部门的规定为其生产的无人驾驶航空器设置唯一产品识别码。

微型、轻型、小型民用无人驾驶航空器系统的生产者应当在无人驾驶航空器机体标注产品类型以及唯一产品识别码等信息，在产品外包装显著位置标明守法运行要求和风险警示。

第十条　民用无人驾驶航空器所有者应当依法进行实名登记，具体办法由国务院民用航空主管部门会同有关部门制定。

涉及境外飞行的民用无人驾驶航空器，应当依法进行国籍登记。

第十一条　使用除微型以外的民用无人驾驶航空器从事飞行活动的单位应当具备下列条件，并向国务院民用航空主管部门或者地区民用航空管理机构（以下统称民用航空管理部门）申请取得民用无人驾驶航空器运营合格证（以下简称运营合格证）：

（一）有实施安全运营所需的管理机构、管理人员和符合本条例规定的操控人员；

（二）有符合安全运营要求的无人驾驶航空器及有关设施、设备；

（三）有实施安全运营所需的管理制度和操作规程，保证持续具备按照制度和规程实施安全运营的能力；

（四）从事经营性活动的单位，还应当为营利法人。

民用航空管理部门收到申请后，应当进行运营安全评估，根据评估结果依法作出许可或者不予许可的决定。予以许可的，颁发运营合格证；不予许可的，书面通知申请人并说明理由。

使用最大起飞重量不超过 150 千克的农用无人驾驶航空器在农林牧渔区域上方的适飞空域内从事农林牧渔作业飞行活动（以下称常规农用无人驾驶航空器作业飞行活动），无需取得运营合格证。

取得运营合格证后从事经营性通用航空飞行活动,以及从事常规农用无人驾驶航空器作业飞行活动,无需取得通用航空经营许可证和运行合格证。

第十二条 使用民用无人驾驶航空器从事经营性飞行活动,以及使用小型、中型、大型民用无人驾驶航空器从事非经营性飞行活动,应当依法投保责任保险。

第十三条 微型、轻型、小型民用无人驾驶航空器系统投放市场后,发现存在缺陷的,其生产者、进口商应当停止生产、销售,召回缺陷产品,并通知有关经营者、使用者停止销售、使用。生产者、进口商未依法实施召回的,由国务院市场监督管理部门依法责令召回。

中型、大型民用无人驾驶航空器系统不能持续处于适航状态的,由国务院民用航空主管部门依照有关适航管理的规定处理。

第十四条 对已经取得适航许可的民用无人驾驶航空器系统进行重大设计更改并拟将其用于飞行活动的,应当重新申请取得适航许可。

对微型、轻型、小型民用无人驾驶航空器系统进行改装的,应当符合有关强制性国家标准。民用无人驾驶航空器系统的空域保持能力、可靠被监视能力、速度或者高度等出厂性能以及参数发生改变的,其所有者应当及时在无人驾驶航空器一体化综合监管服务平台更新性能、参数信息。

改装民用无人驾驶航空器的,应当遵守改装后所属类别的管理规定。

第十五条 生产、维修、使用民用无人驾驶航空器系统,应当遵守无线电管理法律法规以及国家有关规定。但是,民用无人驾驶航空器系统使用国家无线电管理机构确定的特定无线电频率,且有关无线电发射设备取得无线电发射设备型号核准的,无需取得无线电频率使用许可和无线电台执照。

第十六条 操控小型、中型、大型民用无人驾驶航空器飞行的人员应当具备下列条件,并向国务院民用航空主管部门申请取得相应民用无人驾驶航空器操控员(以下简称操控员)执照:

(一)具备完全民事行为能力;

(二)接受安全操控培训,并经民用航空管理部门考核合格;

(三)无可能影响民用无人驾驶航空器操控行为的疾病病史,无吸毒行为记录;

(四)近5年内无因危害国家安全、公共安全或者侵犯公民人身权利、扰乱公共秩序的故意犯罪受到刑事处罚的记录。

从事常规农用无人驾驶航空器作业飞行活动的人员无需取得操控员执照,但应当由农用无人驾驶航空器系统生产者按照国务院民用航空、农业农村主管部门规定的内容进行培训和考核,合格后取得操作证书。

第十七条 操控微型、轻型民用无人驾驶航空器飞行的人员,无需取得操控员执照,但应当熟练掌握有关机型操作方法,了解风险警示信息和有关管理制度。

无民事行为能力人只能操控微型民用无人驾驶航空器飞行,限制民事行为能力人只能操控微型、轻型民用无人驾驶航空器飞行。无民事行为能力人操控微型民用无人驾驶航空器飞行或者限制民事行为能力人操控轻型民用无人驾驶航空器飞行,应当由符合前款规定条件的完全民事行为能力人现场指导。

操控轻型民用无人驾驶航空器在无人驾驶航空器管制空域内飞行的人员,应当具有完全民事行为能力,并按照国务院民用航空主管部门的规定经培训合格。

第三章　空域和飞行活动管理

第十八条　划设无人驾驶航空器飞行空域应当遵循统筹配置、安全高效原则,以隔离飞行为主,兼顾融合飞行需求,充分考虑飞行安全和公众利益。

划设无人驾驶航空器飞行空域应当明确水平、垂直范围和使用时间。

空中交通管理机构应当为无人驾驶航空器执行军事、警察、海关、应急管理飞行任务优先划设空域。

第十九条　国家根据需要划设无人驾驶航空器管制空域(以下简称管制空域)。

真高 120 米以上空域,空中禁区、空中限制区以及周边空域,军用航空超低空飞行空域,以及下列区域上方的空域应当划设为管制空域:

(一)机场以及周边一定范围的区域;

(二)国界线、实际控制线、边境线向我方一侧一定范围的区域;

(三)军事禁区、军事管理区、监管场所等涉密单位以及周边一定范围的区域;

(四)重要军工设施保护区域、核设施控制区域、易燃易爆等危险品的生产和仓储区域,以及可燃重要物资的大型仓储区域;

(五)发电厂、变电站、加油(气)站、供水厂、公共交通枢纽、航电枢纽、重大水利设施、港口、高速公路、铁路电气化线路等公共基础设施以及周边一定范围的区域和饮用水水源保护区;

(六)射电天文台、卫星测控(导航)站、航空无线电导航台、雷达站等需要电磁环境特殊保护的设施以及周边一定范围的区域;

(七)重要革命纪念地、重要不可移动文物以及周边一定范围的区域;

(八)国家空中交通管理领导机构规定的其他区域。

管制空域的具体范围由各级空中交通管理机构按照国家空中交通管理领导机构的规定确定,由设区的市级以上人民政府公布,民用航空管理部门和承担相应职责的单位发布航行情报。

未经空中交通管理机构批准,不得在管制空域内实施无人驾驶航空器飞行活动。

管制空域范围以外的空域为微型、轻型、小型无人驾驶航空器的适飞空域(以下简称适飞空域)。

第二十条　遇有特殊情况,可以临时增加管制空域,由空中交通管理机构按照国家有关规定确定有关空域的水平、垂直范围和使用时间。

保障国家重大活动以及其他大型活动的,在临时增加的管制空域生效 24 小时前,由设区的市级以上地方人民政府发布公告,民用航空管理部门和承担相应职责的单位发布航行情报。

保障执行军事任务或者反恐维稳、抢险救灾、医疗救护等其他紧急任务的,在临时增加的管制空域生效 30 分钟前,由设区的市级以上地方人民政府发布紧急公告,民用航空管理部门和承担相应职责的单位发布航行情报。

第二十一条 按照国家空中交通管理领导机构的规定需要设置管制空域的地面警示标志的,设区的市级人民政府应当组织设置并加强日常巡查。

第二十二条 无人驾驶航空器通常应当与有人驾驶航空器隔离飞行。

属于下列情形之一的,经空中交通管理机构批准,可以进行融合飞行:

(一)根据任务或者飞行课目需要,警察、海关、应急管理部门辖有的无人驾驶航空器与本部门、本单位使用的有人驾驶航空器在同一空域或者同一机场区域的飞行;

(二)取得适航许可的大型无人驾驶航空器的飞行;

(三)取得适航许可的中型无人驾驶航空器不超过真高 300 米的飞行;

(四)小型无人驾驶航空器不超过真高 300 米的飞行;

(五)轻型无人驾驶航空器在适飞空域上方不超过真高 300 米的飞行。

属于下列情形之一的,进行融合飞行无需经空中交通管理机构批准:

(一)微型、轻型无人驾驶航空器在适飞空域内的飞行;

(二)常规农用无人驾驶航空器作业飞行活动。

第二十三条 国家空中交通管理领导机构统筹建设无人驾驶航空器一体化综合监管服务平台,对全国无人驾驶航空器实施动态监管与服务。

空中交通管理机构和民用航空、公安、工业和信息化等部门、单位按照职责分工采集无人驾驶航空器生产、登记、使用的有关信息,依托无人驾驶航空器一体化综合监管服务平台共享,并采取相应措施保障信息安全。

第二十四条 除微型以外的无人驾驶航空器实施飞行活动,操控人员应当确保无人驾驶航空器能够按照国家有关规定向无人驾驶航空器一体化综合监管服务平台报送识别信息。

微型、轻型、小型无人驾驶航空器在飞行过程中应当广播式自动发送识别信息。

第二十五条 组织无人驾驶航空器飞行活动的单位或者个人应当遵守有关法律法规和规章制度,主动采取事故预防措施,对飞行安全承担主体责任。

第二十六条 除本条例第三十一条另有规定外,组织无人驾驶航空器飞行活动的单位或者个人应当在拟飞行前 1 日 12 时前向空中交通管理机构提出飞行活动申请。空中交通管理机构应当在飞行前 1 日 21 时前作出批准或者不予批准的决定。

按照国家空中交通管理领导机构的规定在固定空域内实施常态飞行活动的,可以提出长期飞行活动申请,经批准后实施,并应当在拟飞行前 1 日 12 时前将飞行计划报空中交通管理机构备案。

第二十七条 无人驾驶航空器飞行活动申请应当包括下列内容:

(一)组织飞行活动的单位或者个人、操控人员信息以及有关资质证书;

(二)无人驾驶航空器的类型、数量、主要性能指标和登记管理信息;

(三)飞行任务性质和飞行方式,执行国家规定的特殊通用航空飞行任务的还应当提供有效的任务批准文件;

(四)起飞、降落和备降机场(场地);

（五）通信联络方法；

（六）预计飞行开始、结束时刻；

（七）飞行航线、高度、速度和空域范围，进出空域方法；

（八）指挥控制链路无线电频率以及占用带宽；

（九）通信、导航和被监视能力；

（十）安装二次雷达应答机或者有关自动监视设备的，应当注明代码申请；

（十一）应急处置程序；

（十二）特殊飞行保障需求；

（十三）国家空中交通管理领导机构规定的与空域使用和飞行安全有关的其他必要信息。

第二十八条　无人驾驶航空器飞行活动申请按照下列权限批准：

（一）在飞行管制分区内飞行的，由负责该飞行管制分区的空中交通管理机构批准；

（二）超出飞行管制分区在飞行管制区内飞行的，由负责该飞行管制区的空中交通管理机构批准；

（三）超出飞行管制区飞行的，由国家空中交通管理领导机构授权的空中交通管理机构批准。

第二十九条　使用无人驾驶航空器执行反恐维稳、抢险救灾、医疗救护等紧急任务的，应当在计划起飞30分钟前向空中交通管理机构提出飞行活动申请。空中交通管理机构应当在起飞10分钟前作出批准或者不予批准的决定。执行特别紧急任务的，使用单位可以随时提出飞行活动申请。

第三十条　飞行活动已获得批准的单位或者个人组织无人驾驶航空器飞行活动的，应当在计划起飞1小时前向空中交通管理机构报告预计起飞时刻和准备情况，经空中交通管理机构确认后方可起飞。

第三十一条　组织无人驾驶航空器实施下列飞行活动，无需向空中交通管理机构提出飞行活动申请：

（一）微型、轻型、小型无人驾驶航空器在适飞空域内的飞行活动。

（二）常规农用无人驾驶航空器作业飞行活动。

（三）警察、海关、应急管理部门辖有的无人驾驶航空器，在其驻地、地面（水面）训练场、靶场等上方不超过真高120米的空域内的飞行活动；但是，需在计划起飞1小时前经空中交通管理机构确认后方可起飞。

（四）民用无人驾驶航空器在民用运输机场管制地带内执行巡检、勘察、校验等飞行任务。但是，需定期报空中交通管理机构备案，并在计划起飞1小时前经空中交通管理机构确认后方可起飞。

前款规定的飞行活动存在下列情形之一的，应当依照本条例第二十六条的规定提出飞行活动申请：

（一）通过通信基站或者互联网进行无人驾驶航空器中继飞行；

（二）运载危险品或者投放物品（常规农用无人驾驶航空器作业飞行活动除外）；

(三)飞越集会人群上空;

(四)在移动的交通工具上操控无人驾驶航空器;

(五)实施分布式操作或者集群飞行。

微型、轻型无人驾驶航空器在适飞空域内飞行的,无需取得特殊通用航空飞行任务批准文件。

第三十二条 操控无人驾驶航空器实施飞行活动,应当遵守下列行为规范:

(一)依法取得有关许可证书、证件,并在实施飞行活动时随身携带备查;

(二)实施飞行活动前做好安全飞行准备,检查无人驾驶航空器状态,并及时更新电子围栏等信息;

(三)实时掌握无人驾驶航空器飞行动态,实施需经批准的飞行活动应当与空中交通管理机构保持通信联络畅通,服从空中交通管理,飞行结束后及时报告;

(四)按照国家空中交通管理领导机构的规定保持必要的安全间隔;

(五)操控微型无人驾驶航空器的,应当保持视距内飞行;

(六)操控小型无人驾驶航空器在适飞空域内飞行的,应当遵守国家空中交通管理领导机构关于限速、通信、导航等方面的规定;

(七)在夜间或者低能见度气象条件下飞行的,应当开启灯光系统并确保其处于良好工作状态;

(八)实施超视距飞行的,应当掌握飞行空域内其他航空器的飞行动态,采取避免相撞的措施;

(九)受到酒精类饮料、麻醉剂或者其他药物影响时,不得操控无人驾驶航空器;

(十)国家空中交通管理领导机构规定的其他飞行活动行为规范。

第三十三条 操控无人驾驶航空器实施飞行活动,应当遵守下列避让规则:

(一)避让有人驾驶航空器、无动力装置的航空器以及地面、水上交通工具;

(二)单架飞行避让集群飞行;

(三)微型无人驾驶航空器避让其他无人驾驶航空器;

(四)国家空中交通管理领导机构规定的其他避让规则。

第三十四条 禁止利用无人驾驶航空器实施下列行为:

(一)违法拍摄军事设施、军工设施或者其他涉密场所;

(二)扰乱机关、团体、企业、事业单位工作秩序或者公共场所秩序;

(三)妨碍国家机关工作人员依法执行职务;

(四)投放含有违反法律法规规定内容的宣传品或者其他物品;

(五)危及公共设施、单位或者个人财产安全;

(六)危及他人生命健康,非法采集信息,或者侵犯他人其他人身权益;

(七)非法获取、泄露国家秘密,或者违法向境外提供数据信息;

(八)法律法规禁止的其他行为。

第三十五条 使用民用无人驾驶航空器从事测绘活动的单位依法取得测绘资质证书后,方可从事测绘活动。

外国无人驾驶航空器或者由外国人员操控的无人驾驶航空器不得在我国境内实施测绘、电波参数测试等飞行活动。

第三十六条　模型航空器应当在空中交通管理机构为航空飞行营地划定的空域内飞行,但国家空中交通管理领导机构另有规定的除外。

第四章　监督管理和应急处置

第三十七条　国家空中交通管理领导机构应当组织有关部门、单位在无人驾驶航空器一体化综合监管服务平台上向社会公布审批事项、申请办理流程、受理单位、联系方式、举报受理方式等信息并及时更新。

第三十八条　任何单位或者个人发现违反本条例规定行为的,可以向空中交通管理机构、民用航空管理部门或者当地公安机关举报。收到举报的部门、单位应当及时依法作出处理;不属于本部门、本单位职责的,应当及时移送有权处理的部门、单位。

第三十九条　空中交通管理机构、民用航空管理部门以及县级以上公安机关应当制定有关无人驾驶航空器飞行安全管理的应急预案,定期演练,提高应急处置能力。

县级以上地方人民政府应当将无人驾驶航空器安全应急管理纳入突发事件应急管理体系,健全信息互通、协同配合的应急处置工作机制。

无人驾驶航空器系统的设计者、生产者,应当确保无人驾驶航空器具备紧急避让、降落等应急处置功能,避免或者减轻无人驾驶航空器发生事故时对生命财产的损害。

使用无人驾驶航空器的单位或者个人应当按照有关规定,制定飞行紧急情况处置预案,落实风险防范措施,及时消除安全隐患。

第四十条　无人驾驶航空器飞行发生异常情况时,组织飞行活动的单位或者个人应当及时处置,服从空中交通管理机构的指令;导致发生飞行安全问题的,组织飞行活动的单位或者个人还应当在无人驾驶航空器降落后 24 小时内向空中交通管理机构报告有关情况。

第四十一条　对空中不明情况和无人驾驶航空器违规飞行,公安机关在条件有利时可以对低空目标实施先期处置,并负责违规飞行无人驾驶航空器落地后的现场处置。有关军事机关、公安机关、国家安全机关等单位按职责分工组织查证处置,民用航空管理等其他有关部门应当予以配合。

第四十二条　无人驾驶航空器违反飞行管理规定、扰乱公共秩序或者危及公共安全的,空中交通管理机构、民用航空管理部门和公安机关可以依法采取必要技术防控、扣押有关物品、责令停止飞行、查封违法活动场所等紧急处置措施。

第四十三条　军队、警察以及按照国家反恐怖主义工作领导机构有关规定由公安机关授权的高风险反恐怖重点目标管理单位,可以依法配备无人驾驶航空器反制设备,在公安机关或者有关军事机关的指导监督下从严控制设置和使用。

无人驾驶航空器反制设备配备、设置、使用以及授权管理办法,由国务院工业和信息化、公安、国家安全、市场监督管理部门会同国务院有关部门、有关军事机关制定。

任何单位或者个人不得非法拥有、使用无人驾驶航空器反制设备。

第五章　法律责任

第四十四条　违反本条例规定,从事中型、大型民用无人驾驶航空器系统的设计、生产、进口、飞行和维修活动,未依法取得适航许可的,由民用航空管理部门责令停止有关活动,没收违法所得,并处无人驾驶航空器系统货值金额 1 倍以上 5 倍以下的罚款;情节严重的,责令停业整顿。

第四十五条　违反本条例规定,民用无人驾驶航空器系统生产者未按照国务院工业和信息化主管部门的规定为其生产的无人驾驶航空器设置唯一产品识别码的,由县级以上人民政府工业和信息化主管部门责令改正,没收违法所得,并处 3 万元以上 30 万元以下的罚款;拒不改正的,责令停业整顿。

第四十六条　违反本条例规定,对已经取得适航许可的民用无人驾驶航空器系统进行重大设计更改,未重新申请取得适航许可并将其用于飞行活动的,由民用航空管理部门责令改正,处无人驾驶航空器系统货值金额 1 倍以上 5 倍以下的罚款。

违反本条例规定,改变微型、轻型、小型民用无人驾驶航空器系统的空域保持能力、可靠被监视能力、速度或者高度等出厂性能以及参数,未及时在无人驾驶航空器一体化综合监管服务平台更新性能、参数信息的,由民用航空管理部门责令改正;拒不改正的,处 2 000 元以上 2 万元以下的罚款。

第四十七条　违反本条例规定,民用无人驾驶航空器未经实名登记实施飞行活动的,由公安机关责令改正,可以处 200 元以下的罚款;情节严重的,处 2 000 元以上 2 万元以下的罚款。

违反本条例规定,涉及境外飞行的民用无人驾驶航空器未依法进行国籍登记的,由民用航空管理部门责令改正,处 1 万元以上 10 万元以下的罚款。

第四十八条　违反本条例规定,民用无人驾驶航空器未依法投保责任保险的,由民用航空管理部门责令改正,处 2 000 元以上 2 万元以下的罚款;情节严重的,责令从事飞行活动的单位停业整顿直至吊销其运营合格证。

第四十九条　违反本条例规定,未取得运营合格证或者违反运营合格证的要求实施飞行活动的,由民用航空管理部门责令改正,处 5 万元以上 50 万元以下的罚款;情节严重的,责令停业整顿直至吊销其运营合格证。

第五十条　无民事行为能力人、限制民事行为能力人违反本条例规定操控民用无人驾驶航空器飞行的,由公安机关对其监护人处 500 元以上 5 000 元以下的罚款;情节严重的,没收实施违规飞行的无人驾驶航空器。

违反本条例规定,未取得操控员执照操控民用无人驾驶航空器飞行的,由民用航空管理部门处 5 000 元以上 5 万元以下的罚款;情节严重的,处 1 万元以上 10 万元以下的罚款。

违反本条例规定,超出操控员执照载明范围操控民用无人驾驶航空器飞行的,由民用航空管理部门处 2 000 元以上 2 万元以下的罚款,并处暂扣操控员执照 6 个月至 12 个月;情节严重的,吊销其操控员执照,2 年内不受理其操控员执照申请。

违反本条例规定,未取得操作证书从事常规农用无人驾驶航空器作业飞行活动的,由县级以上地方人民政府农业农村主管部门责令停止作业,并处 1 000 元以上 1 万元以下的罚款。

第五十一条 组织飞行活动的单位或者个人违反本条例第三十二条、第三十三条规定的,由民用航空管理部门责令改正,可以处 1 万元以下的罚款;拒不改正的,处 1 万元以上 5 万元以下的罚款,并处暂扣运营合格证、操控员执照 1 个月至 3 个月;情节严重的,由空中交通管理机构责令停止飞行 6 个月至 12 个月,由民用航空管理部门处 5 万元以上 10 万元以下的罚款,并可以吊销相应许可证件,2 年内不受理其相应许可申请。

违反本条例规定,未经批准操控微型、轻型、小型民用无人驾驶航空器在管制空域内飞行,或者操控模型航空器在空中交通管理机构划定的空域外飞行的,由公安机关责令停止飞行,可以处 500 元以下的罚款;情节严重的,没收实施违规飞行的无人驾驶航空器,并处 1 000元以上 1 万元以下的罚款。

第五十二条 违反本条例规定,非法拥有、使用无人驾驶航空器反制设备的,由无线电管理机构、公安机关按照职责分工予以没收,可以处 5 万元以下的罚款;情节严重的,处 5 万元以上 20 万元以下的罚款。

第五十三条 违反本条例规定,外国无人驾驶航空器或者由外国人员操控的无人驾驶航空器在我国境内实施测绘飞行活动的,由县级以上人民政府测绘地理信息主管部门责令停止违法行为,没收违法所得、测绘成果和实施违规飞行的无人驾驶航空器,并处 10 万元以上 50 万元以下的罚款;情节严重的,并处 50 万元以上 100 万元以下的罚款,由公安机关、国家安全机关按照职责分工决定限期出境或者驱逐出境。

第五十四条 生产、改装、组装、拼装、销售和召回微型、轻型、小型民用无人驾驶航空器系统,违反产品质量或者标准化管理等有关法律法规的,由县级以上人民政府市场监督管理部门依法处罚。

除根据本条例第十五条的规定无需取得无线电频率使用许可和无线电台执照的情形以外,生产、维修、使用民用无人驾驶航空器系统,违反无线电管理法律法规以及国家有关规定的,由无线电管理机构依法处罚。

无人驾驶航空器飞行活动违反军事设施保护法律法规的,依照有关法律法规的规定执行。

第五十五条 违反本条例规定,有关部门、单位及其工作人员在无人驾驶航空器飞行以及有关活动的管理工作中滥用职权、玩忽职守、徇私舞弊或者有其他违法行为的,依法给予处分。

第五十六条 违反本条例规定,构成违反治安管理行为的,由公安机关依法给予治安管理处罚;构成犯罪的,依法追究刑事责任;造成人身、财产或者其他损害的,依法承担民事责任。

第六章 附 则

第五十七条 在我国管辖的其他空域内实施无人驾驶航空器飞行活动,应当遵守本条例的有关规定。

无人驾驶航空器在室内飞行不适用本条例。

自备动力系统的飞行玩具适用本条例的有关规定,具体办法由国务院工业和信息化主管部门、有关空中交通管理机构会同国务院公安、民用航空主管部门制定。

第五十八条 无人驾驶航空器飞行以及有关活动,本条例没有规定的,适用《中华人民共和国民用航空法》《中华人民共和国飞行基本规则》《通用航空飞行管制条例》以及有关法律、行政法规。

第五十九条 军用无人驾驶航空器的管理,国务院、中央军事委员会另有规定的,适用其规定。

警察、海关、应急管理部门辖有的无人驾驶航空器的适航、登记、操控员等事项的管理办法,由国务院有关部门另行制定。

第六十条 模型航空器的分类、生产、登记、操控人员、航空飞行营地等事项的管理办法,由国务院体育主管部门会同有关空中交通管理机构,国务院工业和信息化、公安、民用航空主管部门另行制定。

第六十一条 本条例施行前生产的民用无人驾驶航空器不能按照国家有关规定自动向无人驾驶航空器一体化综合监管服务平台报送识别信息的,实施飞行活动应当依照本条例的规定向空中交通管理机构提出飞行活动申请,经批准后方可飞行。

第六十二条 本条例下列用语的含义:

(一)空中交通管理机构,是指军队和民用航空管理部门内负责有关责任区空中交通管理的机构。

(二)微型无人驾驶航空器,是指空机重量小于 0.25 千克,最大飞行真高不超过 50 米,最大平飞速度不超过 40 千米/小时,无线电发射设备符合微功率短距离技术要求,全程可以随时人工介入操控的无人驾驶航空器。

(三)轻型无人驾驶航空器,是指空机重量不超过 4 千克且最大起飞重量不超过 7 千克,最大平飞速度不超过 100 千米/小时,具备符合空域管理要求的空域保持能力和可靠被监视能力,全程可以随时人工介入操控的无人驾驶航空器,但不包括微型无人驾驶航空器。

(四)小型无人驾驶航空器,是指空机重量不超过 15 千克且最大起飞重量不超过 25 千克,具备符合空域管理要求的空域保持能力和可靠被监视能力,全程可以随时人工介入操控的无人驾驶航空器,但不包括微型、轻型无人驾驶航空器。

(五)中型无人驾驶航空器,是指最大起飞重量不超过 150 千克的无人驾驶航空器,但不包括微型、轻型、小型无人驾驶航空器。

(六)大型无人驾驶航空器,是指最大起飞重量超过 150 千克的无人驾驶航空器。

(七)无人驾驶航空器系统,是指无人驾驶航空器以及与其有关的遥控台(站)、任务载荷和控制链路等组成的系统。其中,遥控台(站)是指遥控无人驾驶航空器的各种操控设备(手段)以及有关系统组成的整体。

(八)农用无人驾驶航空器,是指最大飞行真高不超过 30 米,最大平飞速度不超过 50 千米/小时,最大飞行半径不超过 2 000 米,具备空域保持能力和可靠被监视能力,专门用于植保、播种、投饵等农林牧渔作业,全程可以随时人工介入操控的无人驾驶航空器。

（九）隔离飞行，是指无人驾驶航空器与有人驾驶航空器不同时在同一空域内的飞行。

（十）融合飞行，是指无人驾驶航空器与有人驾驶航空器同时在同一空域内的飞行。

（十一）分布式操作，是指把无人驾驶航空器系统操作分解为多个子业务，部署在多个站点或者终端进行协同操作的模式。

（十二）集群，是指采用具备多台无人驾驶航空器操控能力的同一系统或者平台，为了处理同一任务，以各无人驾驶航空器操控数据互联协同处理为特征，在同一时间内并行操控多台无人驾驶航空器以相对物理集中的方式进行飞行的无人驾驶航空器运行模式。

（十三）模型航空器，也称航空模型，是指有尺寸和重量限制，不能载人，不具有高度保持和位置保持飞行功能的无人驾驶航空器，包括自由飞、线控、直接目视视距内人工不间断遥控、借助第一视角人工不间断遥控的模型航空器等。

（十四）无人驾驶航空器反制设备，是指专门用于防控无人驾驶航空器违规飞行，具有干扰、截控、捕获、摧毁等功能的设备。

（十五）空域保持能力，是指通过电子围栏等技术措施控制无人驾驶航空器的高度与水平范围的能力。

第六十三条　本条例自 2024 年 1 月 1 日起施行。

附录二　民用无人驾驶航空器系统空中交通管理办法

（MD－TM－2016－004）

第一章　总　　则

第一条　为了加强对民用无人驾驶航空器飞行活动的管理，规范其空中交通管理工作，依据《中华人民共和国民用航空法》《中华人民共和国飞行基本规则》《通用航空飞行管制条例》和《民用航空空中交通管理规则》，制定本办法。

第二条　本办法适用于依法在航路航线、进近（终端）和机场管制地带等民用航空使用空域范围内或者对以上空域内运行存在影响的民用无人驾驶航空器系统活动的空中交通管理工作。

第三条　民航局指导监督全国民用无人驾驶航空器系统空中交通管理工作，地区管理局负责本辖区内民用无人驾驶航空器系统空中交通服务的监督和管理工作。

空管单位向其管制空域内的民用无人驾驶航空器系统提供空中交通服务。

第四条　民用无人驾驶航空器仅允许在隔离空域内飞行。

民用无人驾驶航空器在隔离空域内飞行，由组织单位和个人负责实施，并对其安全负责。多个主体同时在同一空域范围内开展民用无人驾驶航空器飞行活动的，应当明确一个活动组织者，并对隔离空域内民用无人驾驶航空器飞行活动安全负责。

第二章 评估管理

第五条 在本办法第二条规定的民用航空使用空域范围内开展民用无人驾驶航空器系统飞行活动,除满足以下全部条件的情况外,应通过地区管理局评审:

(一)机场净空保护区以外;

(二)民用无人驾驶航空器最大起飞重量小于或等于7千克;

(三)在视距内飞行,且天气条件不影响持续可见无人驾驶航空器;

(四)在昼间飞行;

(五)飞行速度不大于120千米/小时;

(六)民用无人驾驶航空器符合适航管理相关要求;

(七)驾驶员符合相关资质要求;

(八)在进行飞行前驾驶员完成对民用无人驾驶航空器系统的检查;

(九)不得对飞行活动以外的其他方面造成影响,包括地面人员、设施、环境安全和社会治安等;

(十)运营人应确保其飞行活动持续符合以上条件。

第六条 民用无人驾驶航空器系统飞行活动需要评审时,由运营人会同空管单位提出使用空域,对空域内的运行安全进行评估并形成评估报告。

地区管理局对评估报告进行审查或评审,出具结论意见。

第七条 民用无人驾驶航空器在空域内运行应当符合国家和民航有关规定,经评估满足空域运行安全的要求。评估应当至少包括以下内容:

(一)民用无人驾驶航空器系统情况,包括民用无人驾驶航空器系统基本情况、国籍登记、适航证件(特殊适航证、标准适航证和特许飞行证等)、无线电台及使用频率情况;

(二)驾驶员、观测员的基本信息和执照情况;

(三)民用无人驾驶航空器系统运营人基本信息;

(四)民用无人驾驶航空器的飞行性能,包括:飞行速度、典型和最大爬升率、典型和最大下降率、典型和最大转弯率、其他有关性能数据(例如风、结冰、降水限制)、航空器最大续航能力、起飞和着陆要求;

(五)民用无人驾驶航空器系统活动计划,包括:飞行活动类型或目的、飞行规则(目视或仪表飞行)、操控方式(视距内或超视距,无线电视距内或超无线电视距等)、预定的飞行日期、起飞地点、降落地点、巡航速度、巡航高度、飞行路线和空域、飞行时间和次数;

(六)空管保障措施,包括:使用空域范围和时间、管制程序、间隔要求、协调通报程序、应急预案等;

(七)民用无人驾驶航空器系统的通信、导航和监视设备和能力,包括:民用无人驾驶航空器系统驾驶员与空管单位通信的设备和性能、民用无人驾驶航空器系统的指挥与控制链路及其性能参数和覆盖范围、驾驶员和观测员之间的通信设备和性能、民用无人驾驶航空器系统导航和监视设备及性能;

(八)民用无人驾驶航空器系统的感知与避让能力;

（九）民用无人驾驶航空器系统故障时的紧急程序，特别是：与空管单位的通信故障、指挥与控制链路故障、驾驶员与观测员之间的通信故障等情况；

（十）遥控站的数量和位置以及遥控站之间的移交程序；

（十一）其他有关任务、噪声、安保、业载、保险等方面的情况；

（十二）其他风险管控措施。

第八条　按照本规定第六条需要进行评估的飞行活动，其使用的民用无人驾驶航空器系统应当为遥控驾驶航空器系统，而非自主无人驾驶航空器系统。并且能够按要求设置电子围栏。

第九条　地区管理局应当组织相关部门对评估报告进行审查，对于复杂问题可以组织专家进行评审和现场演示，并将审查或评审结论反馈给运营人和有关空管单位。

第三章　空中交通服务

第十条　民用无人驾驶航空器飞行应当为其单独划设隔离空域，明确水平范围、垂直范围和使用时段。可在民航使用空域内临时为民用无人驾驶航空器划设隔离空域。

飞行密集区、人口稠密区、重点地区、繁忙机场周边空域，原则上不划设民用无人驾驶航空器飞行空域。

第十一条　隔离空域由空管单位会同运营人划设。划设隔离空域应综合考虑民用无人驾驶航空器通信导航监视能力、航空器性能、应急程序等因素，并符合下列要求：

（一）隔离空域边界原则上距其他航空器使用空域边界的水平距离不小于 10 千米；

（二）隔离空域上下限距其他航空器使用空域垂直距离 8 400 米（含）以下不得小于 600 米，8 400 米以上不得小于 1 200 米。

第十二条　民用无人驾驶航空器在隔离空域内运行时，应当符合下列要求：

（一）民用无人驾驶航空器应当遵守规定的程序和安全要求；

（二）民用无人驾驶航空器确保在所分配的隔离空域内飞行，并与水平边界保持 5 千米以上距离；

（三）防止民用无人驾驶航空器无意间从隔离空域脱离。

第十三条　为了防止民用无人驾驶航空器和其它航空器活动相互穿越隔离空域边界，提高民用无人驾驶航空器运行的安全性，需要采取下列安全措施：

（一）驾驶员应当持续监视民用无人驾驶航空器飞行；

（二）当驾驶员发现民用无人驾驶航空器脱离隔离空域时，应向相关空管单位通报；

（三）空管单位发现民用无人驾驶航空器脱离隔离空域时，应当防止与其他航空器发生冲突，通知运营人采取相关措施，并向相关管制单位通报；

（四）空管单位应当同时向民用无人驾驶航空器和隔离空域附近运行的其他航空器提供服务；

（五）在空管单位和民用无人驾驶航空器系统驾驶员之间应建立可靠的通信；

（六）空管单位应为民用无人驾驶航空器指挥与控制链路失效、民用无人驾驶航空器避让侵入的航空器等紧急事项设置相应的应急工作程序。

第十四条 针对民用无人驾驶航空器违规飞行影响日常运行的情况,空管单位应与机场、军航管制单位等建立通报协调关系,制定信息通报、评估处置和运行恢复的方案,保证安全,降低影响。

第四章 无线电管理

第十五条 民用无人驾驶航空器系统活动中使用无线电频率、无线电设备应当遵守国家无线电管理法规和规定,且不得对航空无线电频率造成有害干扰。

第十六条 未经批准,不得在民用无人驾驶航空器上发射语音广播通信信号。

第十七条 使用民用无人驾驶航空器系统应当遵守国家有关部门发布的无线电管制命令。

第五章 附 则

第十八条 民用无人驾驶航空器系统飞行活动涉及多项评估或审批的,地区管理局应当统筹安排。

第十九条 本管理办法自下发之日起开始施行,原《民用无人机空中交通管理办法》(MD-TM-2009-002)同时废止。

第二十条 本管理办法使用的术语定义:

民用无人驾驶航空器:没有机载驾驶员操作的民用航空器。

民用无人驾驶航空器系统:指民用无人驾驶航空器及与其安全运行有关的组件,主要包括遥控站、数据链路等。

遥控驾驶航空器系统:由遥控驾驶航空器、相关的遥控站、所需的指挥与控制链路以及批准的型号设计规定的任何其他部件构成的系统。

遥控驾驶航空器:由遥控站操纵的无人驾驶航空器。遥控驾驶航空器是无人驾驶航空器的亚类。

遥控站:遥控驾驶航空器系统的组成部分,包括用于操纵遥控驾驶航空器的设备。

指挥与控制链路:遥控驾驶航空器和遥控站之间为飞行管理目的建立的数据链接。

自主无人驾驶航空器系统:不允许驾驶员介入飞行管理的无人驾驶航空器。

电子围栏:是指为防止民用无人驾驶航空器飞入或者飞出特定区域,在相应电子地理范围中画出其区域边界,并配合飞行控制系统,保障区域安全的软硬件系统。

感知与避让:观察、发现、探测交通冲突或其他危险,并采取适当行动的能力。

运营人:是指从事或拟从事航空器运营的个人、组织或者企业。

驾驶员:由运营人指派对遥控驾驶航空器的运行负有必不可少职责并在飞行期间适时操纵无人驾驶航空器的人。

观测员:由运营人指定的训练有素的人员,通过目视观测遥控驾驶航空器协助驾驶员安全实施飞行。

隔离空域:专门分配给无人驾驶航空器系统运行的空域,通过限制其他航空器的进入以规避碰撞风险。

非隔离空域:无人驾驶航空器系统与其他有人驾驶航空器同时运行的空域。

目视视距内:驾驶员或观测员与无人驾驶航空器保持直接目视视觉接触的运行方式。直接目视视觉接触的范围为:真高 120 米以下;距离不超过驾驶员或观测员视线范围或最大 500 米半径的范围,两者中取较小值。

超目视视距:无人驾驶航空器在目视视距以外的运行方式。

无线电视距内:是指发射机和接收机在彼此的无线电覆盖范围之内能够直接进行通信,或者通过地面网络使远程发射机和接收机在无线电视距内,并且能在相应时间范围内完成通信传输的情况。

超无线电视距:是指发射机和接收机不在无线电视距之内的情况。因此所有卫星系统都是超无线电视距的,遥控站通过地面网络不能在相应时间范围与至少一个地面站完成通信传输的系统也都是超无线电视距的。

机场净空区:也称机场净空保护区域,是指为保护航空器起飞、飞行和降落安全,根据民用机场净空障碍物限制图要求划定的空间范围。

人口稠密区:是指城镇、村庄、繁忙道路或大型露天集会场所等区域。

重点地区:是指军事重地、核电站和行政中心等关乎国家安全的区域及周边,或地方政府临时划设的区域。

附录三　民用无人驾驶航空器经营性飞行活动管理办法

(暂行)

第一章　总　　则

第一条　为了规范使用民用无人驾驶航空器(以下简称" 无人驾驶航空器")从事经营性飞行活动,加强市场监管,促进无人驾驶航空器产业安全、有序、健康发展,依据《民航法》及无人驾驶航空器管理的有关规定,制定本办法。

第二条　本办法适用于在中华人民共和国境内(港澳台地区除外)使用最大空机重量为 250 克以上(含 250 克)的无人驾驶航空器开展航空喷洒(撒)、航空摄影、空中拍照、表演飞行等作业类和无人机驾驶员培训类的经营活动。

无人驾驶航空器开展载客类和载货类经营性飞行活动不适用本办法。

第三条　使用无人驾驶航空器开展本办法第二条所列的经营性飞行活动应当取得经营许可证,未取得经营许可证的,不得开展经营性飞行活动。

第四条　中国民用航空局(以下简称民航局)对无人驾驶航空器经营许可证实施统一监督管理。中国民用航空地区管理局(以下简称民航地区管理局)负责实施辖区内的无人驾驶航空器经营许可证颁发及监管管理工作。

第二章　许可证申请条件及程序

第五条　取得无人驾驶航空器经营许可证,应当具备下列基本条件:

（一）从事经营活动的主体应当为企业法人,法定代表人为中国籍公民;

（二）企业应至少拥有一架无人驾驶航空器,且以该企业名称在中国民用航空局"民用无人驾驶航空器实名登记信息系统"中完成实名登记;

（三）具有行业主管部门或经其授权机构认可的培训能力(此款仅适用从事培训类经营活动);

（四）投保无人驾驶航空器地面第三人责任险。

第六条 具有下列情形之一的,不予受理无人驾驶航空器经营许可证申请:

（一）申请人提供虚假材料被驳回,一年内再次申请的;

（二）申请人以欺骗、贿赂等不正当手段取得经营许可证后被撤销,三年内再次申请的;

（三）因严重失信行为被列入民航行业信用管理"黑名单"的企业;

（四）法律、法规规定不予受理的其他情形。

第七条 申请人应当通过"民用无人驾驶航空器经营许可证管理系统"在线申请无人驾驶航空器经营许可证,申请人须在线填报以下信息,并确保申请材料及信息真实、合法、有效:

（一）企业法人基本信息;

（二）无人驾驶航空器实名登记号;

（三）无人机驾驶员培训机构认证编号(此款仅适用于培训类经营活动);

（四）投保地面第三人责任险承诺;

（五）企业拟开展的无人驾驶航空器经营项目。

第八条 民航地区管理局应当自申请人在线成功提交申请材料之日起二十日内作出是否准予许可的决定。准予许可的,申请人可在线获取电子经营许可证,不予许可的,申请人可在线查询原因。

第九条 无人驾驶航空器经营许可证所载事项需变更的,许可证持有人应当通过系统提出变更申请。

第十条 民航地区管理局应当自申请人在线成功提交变更申请之日起二十日内作出是否准予变更的决定。准予变更的,申请人可在线获取变更后的电子经营许可证,不予变更的,申请人可在线查询原因。

第三章 监督管理

第十一条 许可证持有人开展经营性飞行活动,应当遵守国家法律法规和无人驾驶航空器管理有关规定的要求,遵守空中运行秩序,确保安全。

第十二条 许可证持有人应持续符合取得经营许可证所需符合的条件。

第十三条 许可证持有人开展飞行活动,应当采取有效的环境保护措施。

第十四条 许可证持有人应在许可证列明的经营范围内开展经营活动。

第十五条 许可证持有人应在飞行活动结束后 72 小时内,通过系统报送相关作业信息。

第十六条 有下列情形之一的,民航地区管理局依法撤销企业经营许可证:

（一）向不具备许可条件的申请人颁发许可证的；

（二）依法可以撤销经营许可证的其他情形。

第十七条　许可证持有人有下列情形之一的，民航地区管理局应当依法办理经营许可证的注销手续：

（一）因破产、解散等原因被终止法人资格的；

（二）经营许可证依法被撤销的；

（三）经营许可证持有人自行申请注销的；

（四）法律、法规规定的应当注销的其他情形。

第十八条　无人驾驶航空器经营许可证不得涂改、出借、买卖或转让。

第十九条　许可证持有人应当在线打印无人驾驶航空器经营许可证，并置于公司住所或者营业场所的醒目位置。

第二十条　无人驾驶航空器经营许可证在未被依法吊销、撤销、注销等情况下，长期有效。

附录四　民用无人驾驶航空器实名制登记管理规定

1. 总　　则

1.1　目的

为加强民用无人驾驶航空器（以下简称民用无人机）的管理，对民用无人机拥有者实施实名制登记，特制定本管理规定。

1.2　适用范围

本管理规定适用于在中华人民共和国境内最大起飞重量为 250 克以上（含 250 克）的民用无人机。

1.3　一般要求

自 2017 年 6 月 1 日起，购买民用无人机的拥有者必须按照本管理规定的要求进行实名登记。

对于在 2017 年 6 月 1 日前购买的民用无人机，其拥有者必须在 2017 年 8 月 31 日前完成实名登记。

民用无人机拥有者，如果未按照本管理规定实施实名登记和粘贴登记标志，其行为将被视为违反法规的非法行为，其无人机的使用将受影响。

1.4　定义

1.4.1　民用无人机

民用无人机是指没有机载驾驶员操纵，并从事非军事、警察和海关飞行任务的航空器。

1.4.2　民用无人机拥有者

民用无人机拥有者是指民用无人机的所有人，包括个人、依据中华人民共和国法律设立的企业法人/事业法人/机关法人和其他组织。

1.4.3　民用无人机最大起飞重量

民用无人机最大起飞重量是指根据无人机的设计或运行限制,无人机能够起飞时所容许的最大重量。

1.4.4 民用无人机空机重量

民用无人机空机重量是指无人机制造厂给出的无人机基本重量。除商载外,该无人机做好执行飞行任务的全部重量,包含标配电池重量和最大燃油重量。

2. 职　　责

2.1　中国民用航空局航空器适航审定司

(1)民用无人机实名登记政策的制定;

(2)"中国民用航空局民用无人机实名登记信息系统"(以下简称无人机实名登记系统)的管理。

2.2　民用无人机制造商

(1)在"无人机实名登记系统"中填报其产品的名称、型号、最大起飞重量、空机重量、产品类型和无人机购买者姓名/移动电话等信息;

(2)在产品外包装明显位置和产品说明书中,提醒拥有者在"无人机实名登记系统"中进行实名登记,警示不实名登记擅自飞行的危害;

(3)随产品提供不干胶打印纸,供拥有者打印"无人机登记标志"。

2.3　民用无人机拥有者

(1)依据本管理规定 3.2 的要求,在"无人机实名登记系统"进行实名登记;

(2)依据本管理规定 3.4 的要求,在其持有无人机上粘贴登记标志;

(3)当发生本管理规定 3.5 所述情况,在"无人机实名登记系统"上更新无人机的信息。

3. 民用无人机实名登记规定

3.1　实名登记的流程

(1)民用无人机制造商和民用无人机拥有者在"无人机实名登记系统"(uas.caac.gov.cn)上申请账户;

(2)民用无人机制造商在该系统中填报其所有产品的信息;

(3)民用无人机拥有者在该系统中实名登记其持有产品的信息,并将系统给定的登记标志粘贴在无人机上。

3.2　实名登记的信息内容

民用无人机制造商在"无人机实名登记系统"中填报的信息包括:

(1)制造商名称和注册地址;

(2)产品名称和型号;

(3)空机重量和最大起飞重量;

(4)产品类别。

民用无人机拥有者在"无人机实名登记系统"中登记的信息包括:

(1)拥有者的姓名、单位名称和法人姓名;

(2)个人登记:有效证件号码(如身份证号、护照号等);

(3)单位登记:统一社会信用代码或者组织机构代码;

(4)移动电话和电子邮箱;

(5)产品型号、产品序号;

(6)使用目的。

3.3　民用无人机的登记标志

(1)民用无人机登记标志包括登记号和登记二维码,民用无人机拥有者在"无人机实名登记系统"中完成信息填报后,系统自动给出包含登记号和二维码的登记标志图片,并发送到登记的邮箱。

(2)民用无人机登记号是为区分民用无人机而给出的编号,对于序号(S/N)不同的民用无人机,登记号不同。民用无人机登记号共有11位字符,分为两部分:前三位为字母UAS,后8位为阿拉伯数字,采用流水号形式,范围为00000001～99999999,例如登记号UAS0000003。

(3)民用无人机登记二维码是经过加密的、唯一识别无人机的二维码,包括无人机制造商、产品型号、产品名称、产品序号、登记时间、拥有者姓名或法人信息、联系方式、证件号码。

3.4　民用无人机的标识要求

(1)民用无人机拥有者在收到系统给出的包含登记号和二维码的登记标志图片后,将其打印为至少2厘米乘以2厘米的不干胶粘贴牌。

(2)民用无人机拥有者将登记标志图片采用耐久性方法粘于无人机不易损伤的地方,且始终清晰可辨,亦便于查看。便于查看是指登记标志附着于一个不需要借助任何工具就能查看的部件之上。

(3)民用无人机拥有者必须确保无人机每次运行期间均保持登记标志附着其上。

(4)民用无人机登记号和二维码信息不得涂改、伪造或转让。

3.5　登记信息的更新

(1)民用无人机发生出售、转让、损毁、报废、丢失或者被盗等情况,民用无人机拥有者应及时通过"无人机实名登记系统"注销该无人机的信息。

(2)民用无人机的所有权发生转移后,变更后的所有人必须按照本管理规定的要求实名登记该民用无人机的信息。

4.登记时间要求

4.1　2017年8月31日前,民用无人机拥有者必须在操作无人机前完成实名登记。

4.2　2017年8月31日后,未按本管理规定的规定进行登记的民用无人机,将影响后续的使用,监管主管部门将按照相关规定进行处罚。

5.附　则

5.1　本管理规定由中国民用航空局航空器适航审定司负责解释。

5.2　本管理规定自2017年5月16日起生效。

附录五　无人机飞行管理规章建议草案

第一章　总　则

第一条　【立法目的和依据】为了规范无人机飞行活动,保证飞行安全,根据《中华人民共和国民用航空法》和《中华人民共和国飞行基本规则》,制定本条例。

第二条　【适用范围】在中华人民共和国领空内和中华人民共和国提供空中交通管制服务的公海上空从事无人机飞行活动,必须遵守本条例。

第三条　【无人机飞行主管机构】在国务院、中央军事委员会和国家空中交通管制委员会领导下,国务院有关部门,中国人民解放军总参谋部、总政治部、总后勤部、总装备部、军兵种,中国人民武装警察部队,对无人机飞行行使相应的飞行管理职权。

第四条　【无人机飞行管理的基本原则】无人机飞行活动的管理,应当遵循统一管理、规范运行、确保安全、促进发展的原则。

第五条　【依法从事无人机飞行活动的要求】从事无人机飞行活动的公民、法人和其他组织,必须按照《中华人民共和国民用航空法》《中华人民共和国飞行基本规则》及相关法律规定取得从事航空活动的资格,并遵守本条例和国家有关法律、行政法规的规定。

第六条　【无人机的注册与标志】在中华人民共和国领空内飞行的无人机,必须经过注册登记,依法经过注册登记的无人机应当标明规定的识别标志。

无识别标识的无人机需要飞行的,必须经中国人民解放军空军批准。

民用无人机的国籍和登记标志规则由中国民用航空局制定;国家无人机的登记和识别标志规则由公安部、海关总署、中国人民解放军各总部、军兵种、武警总部制定。试验阶段的无人机应当办理临时登记,临时登记和识别标志规则由科学技术部、工业和信息化部、中国民用航空局和中国人民解放军总装备部制定。

无人驾驶航空器系统登记机构应当向有关部门提供无人驾驶航空器系统登记信息。

第七条　【电子标签制度】民用无人机销售或者投入使用前必须具有电子识别标签。

民用无人机电子识别标签管理规则由工业和信息化部会同中国民用航空局制定。

第八条　【无人机分类管理要求】对无人机飞行活动,应当根据空域类型和无人机型别分类管控。

第二章　无人机操控人员

第九条　【无人机操控人员的条件】从事无人机飞行操控的人员,应当具有中华人民共和国国籍,经国家相应航空主管部门批准的除外。因犯罪而受到刑事处罚的人员,不得担任无人机操控人员。

从事无人机操控的人员应当接受专门训练,经考核合格,取得国家相应航空主管部门颁发的执照或者证书,方可担任其执照或者证书载明的工作。

第十条　【无人机操控人员的权利】无人机操控人员在执行职务时,可以行使下列权利：

（一）行使机长的权利；

（二）根据无人机性能要求有决定任务载荷的权利；

（三）发现无人机、机场（或发射装置）、回收、气象条件不符合规定，有拒绝操纵无人机升空的权利；

（四）遇到特殊或紧急情况时，有对无人机做出最终处置的权利。

第十一条　【无人机操控人员的义务】无人机操控人员在执行职务时，必须履行下列义务：

（一）遵守与航空相关的法律、法规、飞行规则；

（二）对所操控无人机的飞行安全负责；

（三）每次飞行前进行飞行准备并检查无人机状态；

（四）遇有空中威胁飞行安全的因素或者遇到特殊、紧急情况进行处置时，必须立即报告相应的管制部门；

（五）无人机发生飞行事故时，应当如实向管制部门报告。

第十二条　【无人机操控人员的培训】无人机操控人员应当在指定的院校按照国家统一标准进行培训，经考核合格，颁发无人机操控人员资格证书。无人机操控人员必须经过理论和操控能力培训，至少包括以下内容：

（一）操控机型的关键飞行系统知识和操作规范；

（二）航空概论和飞行原理；

（三）航空管制、空中交通管制和航空法规；

（四）通信、导航、气象学；

（五）保持无人机航行诸元的能力；

（六）特殊动作操控和特殊情况处置。

第十三条　【无人机操控人员的执照颁发】民用无人机操控人员，由民用航空主管部门考核、批准，颁发相应工作执照；国家航空器属性的无人机操控人员，由军队航空主管部门考核、批准，颁发相应工作执照。

第十四条　【对犯罪人员担任飞行机组人员的限制】因故意犯罪而受到刑事处罚的人员，不得担任无人驾驶航空器系统飞行机组人员。

第十五条　【对外国人和外国无人驾驶航空器的限制】禁止外国无人驾驶航空器或者外籍人员单独使用无人驾驶航空器系统在我国境内进行地球观测、航空遥感、航摄航拍、矿产资源勘查等活动。

第三章　无人机飞行空域的管理与使用

第十六条　【无人机飞行空域使用许可制度】无人机飞行使用空域，必须按照现行空域管理分工，经飞行管制部门或者空中交通管制部门批准，方可实施。

战斗飞行按战斗命令执行。

第十七条　【飞行空域对无人机的适航要求】进入非隔离空域飞行的无人机，必须符合有人驾驶航空器在同种类空域运行所需达到的全部要求,包括设备要求和法规标准。

第十八条 【无人机飞行类型】无人机飞行,按照飞行高度区分,分为超低空飞行、低空飞行、中空飞行、高空飞行、超高空飞行;按照空域管理区分,分为隔离空域和非隔离空域飞行;按照飞行性质区分,分为民用无人机飞行、试验无人机飞行和军用无人机飞行;按照操控员视距区分,分为可视范围内飞行和可视范围外飞行。

第十九条 【无人机飞行空域划设原则】划设无人机飞行空域应当维护国家安全,保证有人驾驶航空器飞行安全,防止危及地面人员及财产安全,合理、充分、有效地利用空域。

第二十条 【无人机飞行空域划设要求】无人机飞行空域划设应当充分考虑飞行需要、与其他飞行空域的关系、飞行动态监控能力、环境保护等因素,兼顾无人机飞行与公众的利益。通常应单独划设,明确水平、垂直范围和使用时限。

在空中禁区、空中危险区、国境地带、全国重点防空目标区及其周围一定区域上空,以及飞行密集地区、繁忙机场管制地带等区域,原则上不划设无人驾驶航空器飞行空域。确需划设的,由所在飞行管制区担负飞行管制的部门批准。

第二十一条 【无人机飞行空域划设方法】无人机飞行空域分为隔离空域和非隔离空域。隔离空域的划设,通常应当避开航路、航线、飞行密集地区、重要目标上空和人口集中的城镇上空。非隔离空域的划设,应当符合有人驾驶航空器飞行空域的划设要求。

第二十二条 【无人机飞行空域划设的批准权限】无人驾驶航空器飞行空域的划设,由无人驾驶航空器系统运营人提出申请,按照下列规定的权限批准:

(一)在飞行管制分区内划设的,由驻机场航空管制部门或者空中交通管制部门提出方案,报负责该分区飞行管制的部门批准;

(二)超出飞行管制分区在飞行管制区内划设的,由分区航空管制部门提出方案,报负责该管制区飞行管制的部门批准;

(三)在飞行管制区间划设的,由负责飞行管制区的部门提出方案,报中国人民解放军空军批准。

第二十三条 【无人机飞行空域划设的审批时限】划设无人驾驶航空器飞行空域通常在空域使用前 7 天,由运营人向负责审批的飞行管制部门提出申请;负责批准的飞行管制部门应当在空域使用前 3 天作出批准或者不予批准的决定,并通知申请人。

第二十四条 【无人机飞行空域使用要求】无人机飞行空域批准后,必须按照批准的范围、用途、要求和审批的飞行计划使用;未经批准飞行计划的飞行管制部门同意,不得改变空域使用性质和用途,确需改变时,应当按照飞行计划申请程序重新申请,经批准后方可使用。

无人机飞行空域终止使用时,申请该无人机飞行空域的公民、法人和其他组织应当及时向当地飞行管制部门报告。

第二十五条 【无人机飞行空域的释放机制】公民、法人和其他组织,必须严格按照审批的飞行计划在批准的无人机飞行空域内组织实施。飞行活动结束后 30 分钟内,组织实施无人机飞行活动的公民、法人和其他组织必须向受理该次飞行申请的飞行管制部门报告飞行结束时间,及时释放该次飞行的空域使用权。

第二十六条 【无人机临时飞行空域的划设、使用申请与批复】无人机临时飞行空域的划设与使用,由申请使用的公民、法人和其他组织于空域使用前一周提出方案,向无人机升空所在地的空军有关飞行管制部门提出申请,审批管制区内临时飞行空域的司令部应当在开飞三天前,审批跨管制区的临时飞行空域的司令部应当在开飞两天前批复。

第二十七条　【无人机临时飞行空域的批准权限】无人机临时飞行空域划设申请按照下列规定的权限批准:

(一)位于飞行管制分区范围内的,由担负飞行管制分区管制任务的司令部批准;

(二)位于飞行管制分区间的,由战区空军司令部批准;

(三)位于飞行管制区间的,由空军司令部批准。

第二十八条　【无人机临时飞行空域的使用要求】无人机临时飞行空域批准后,必须按照批准的计划实施,不得随意改变,如需改变,须经审批该次飞行申请的司令部同意。

无人机临时飞行空域使用期限通常不得超过一个月,如需延长,必须重新申请。

第四章　无人机飞行组织与实施

第二十九条　【无人机飞行活动的组织与实施要求】公民、法人和其他组织从事无人机飞行活动,应当按照批准或者报备的飞行计划组织实施;熟悉并严格执行有人驾驶航空器的飞行规则、相关航空法规和组织实施程序;制定特殊情况处置预案,了解无人机飞行空域的其他飞行活动情况,确认无人机与其他航空器没有飞行冲突;服从管制部门的管制指挥。

第三十条　【无人机飞行组织实施中与管制部门的协同要求】组织实施无人机飞行活动的公民、法人和其他组织,在实施时,应当与升空当地飞行管制部门建立可靠的通信联络,并保持联络畅通;发生影响飞行安全或者公共安全的特殊情况时,应当立即报告相关飞行管制部门,并及时采取处置措施。

第三十一条　【无人机飞行实施的协调与通报制度】公民、法人和其他组织,组织实施无人机飞行活动前,必须与飞行活动当地的飞行管制部门建立协同关系,明确各自的权利与义务;组织实施无人机飞行活动中,应当于开始飞行 30 分钟前向相关飞行管制部门通报无人机预计开飞时间、使用空域高度、飞行科目等与飞行安全相关的事项;飞行中及时通报无人机飞行活动情况;飞行结束后 30 分钟内通报飞行结束时间。

第三十二条　【无人机飞行空域的安全责任】经批准在隔离空域内进行无人机飞行活动,通常由从事无人机飞行活动的公民、法人和其他组织负责组织实施,并对其安全负责。在批准的非隔离空域内进行无人机飞行活动,组织实施无人机飞行活动的公民、法人和其他组织,对飞行安全及航空法规和管制部门管制指令的执行情况负责,管制部门对管制指令的正确性负责。

第三十三条　【无人机飞行间隔】无人机与无人机之间以及无人机在隔离空域内飞行间隔,由组织实施无人机飞行活动的公民、法人和其他组织自行确定;无人机在非隔离空域内飞行,无人机与有人驾驶航空器之间执行有人驾驶航空器的飞行间隔规定。

在同一无人机飞行空域内,单个运营人组织飞行,无人驾驶航空器之间的飞行间隔自行确定;两个以上运营人组织飞行,无人驾驶航空器之间的飞行间隔协商确定。

第三十四条　【无人机加入隔离空域运行的要求】无人机加入隔离空域,不得影响空中其他飞行活动安全;加入前应当将与该次无人机飞行活动相关的信息报告有关飞行管制部门,报告的内容包括无人机的类别、识别标志、操控人员资质、进出空域的方法(含进出路线、高度和水平范围)、任务性质、空域活动范围以及管制部门要求报告的其他信息。

第三十五条 **【无人机加入非隔离空域运行的要求】**无人机加入非隔离空域运行,除遵守隔离空域运行的基本要求外,还应做到:

(一)必须进行充分的验证,以保证其适航性、可控性和可靠性符合适航要求,达到有人驾驶航空器在此类空域飞行的安全水平和运行标准;

(二)无人机加入非隔离空域飞行必须获得管制部门的许可,并严格按批复的限制、保障措施飞行;

(三)无人机在非隔离空域飞行,不能给其他空域用户带来危险,也不能干扰其他空域用户的正常运行;

(四)无人机必须遵循有人驾驶航空器在同种类空域运行所需达到的设备要求、法规标准以及空域的类别要求;

(五)管理无人机运行的单位和人员应当熟悉无人机飞行在非隔离空域所适用的规则和程序;

(六)无人机操控人员应当确保能够对无人机采取及时、有效的控制;无人机与操控人员之间数据链失去控制时,无人机应能自动启动替代运行模式,使无人机终止飞行或转入自动飞行状态。

第三十六条 **【无人机飞行的指挥与移交】**无人机飞行活动的组织指挥,由从事无人机飞行活动的单位、个人组织实施,并对其安全负责。

对无人机飞行实施操控指挥,应当严格执行有关的航空法规和空管规定,充分做好操控指挥准备,正确实施操控指挥,确保飞行安全。

无人机飞入相邻管制区域前,管制部门之间应当按照程序管制的有关规定和有人驾驶航空器的交接程序进行管制移交。管制移交的内容包括:无人机飞行计划、关键的空中位置点、飞行高度等飞行动态、预计进入管制交接点的时间和其他需要说明的事项。

第三十七条 **【无人机违法违规飞行活动的管控】**国家民用航空主管部门负责对民用无人机违法违规飞行活动进行地面查处,配合军队有关部门实施空中监管和空中不明情况的应急查证处置;军队航空管制部门负责飞行管制和空中不明情况查证处置;公安部门负责无人机违法违规飞行的现场处置工作,组织协调重大活动期间无人机的地面防范管控工作;国家体育总局和工商、税务部门负责配合军队、民用航空主管部门和公安部门,对民用无人机违法违规飞行的单位和个人进行查处。无人机权属单位和个人的主管部门负责无人机飞行的日常管理和地面管控,协助军、民航主管部门、国家公安、工商、税务部门查处违法违规飞行活动,负责重大活动期间无人机的地面防范管控工作。

第三十八条 **【无人机违规飞行的处置】**公民、法人和其他组织违反飞行管制规定组织实施无人机飞行的,飞行管制部门可以根据情况责令改正或者停止其飞行;因此产生的直接费用,由相应的公民、法人和其他组织承担。

第五章　无人机飞行申请与批复

第三十九条 【无人机飞行活动(计划)的审批制度】从事无人机飞行活动的公民、法人和其他组织,实施飞行前,应当向无人机升空当地飞行管制部门提出飞行计划申请,由无人机升空当地飞行管制部门,按照批准权限办理相关申请与批复事宜,经批准后方可组织实施。

有下列情形之一的,必须在提出飞行计划申请时,提交有效的任务批准文件:

(一)飞出或者飞入我国领空的;

(二)进入空中禁区或者国(边)界线至我方一侧10公里之间地带上空飞行的;

(三)在我国境内进行航空物探或者航空摄影活动的;

(四)超出领海(海岸)线飞行的;

(五)外国无人机或者外国人使用我国无人机在我国境内进行飞行活动的。

第四十条 【无人机飞行计划的内容】无人机飞行计划应当包括下列内容:

(一)飞行单位、任务,预计飞行开始、结束时间;

(二)无人机操控人员姓名、代号(呼号);

(三)无人机的型别和架数;

(四)通信联络方法,无人机的识别标志;

(五)发射、回收场地和区域;

(六)备用回收场地和区域;

(七)飞行气象条件;

(八)航线、巡航速度、飞行高度和飞行范围;

(九)进出空域的方法;

(十)特殊情况处置方案;

(十一)遥控、遥测和信息传输频率;

(十二)其他特殊保障需求。

第四十一条 【无人机飞行计划的审批权限】无人机飞行计划申请按照下列规定的权限批准:

(一)在飞行管制分区内的,由负责该分区的飞行管制部门批准;

(二)超出飞行管制分区在飞行管制区内的,由负责该区域的飞行管制部门批准;

(三)超出飞行管制区的,由中国人民解放军空军批准。

第四十二条 【无人机飞行申请与批复的时限】无人机飞行计划申请应当在飞行前1天15时前提出;飞行管制部门应当在飞行前1天21时前作出批准或者不予批准的决定,并通知申请人。

转场飞行申请应当在拟飞行前2天向当地飞行管制部门提出;飞行管制部门应当在拟飞行前一天18时前予以批复。

第四十三条 【无人机特殊任务飞行计划的申请】无人机特殊任务飞行是指执行战斗任务或秘密任务的飞行。经确认由战区或者中国人民解放军军种以上司令机关下达的无人机特殊任务飞行,时间条件允许,组织实施单位应当在无人机升空前向升空所在地飞行管制部门通报无人机飞行有关情况,时间条件不允许应当在升空后及时通报,通报内容为无人机飞行空域的水平、高度范围和飞行速度。

第四十四条 【临时空域内的短期飞行计划】临时空域内的短期飞行活动可以一次性提出 15 天以内的短期飞行计划,不再逐日申请。每日飞行开始和结束后,应当及时报告飞行管制部门。

第四十五条 【无人机紧急任务飞行申请与批复的时限】执行科学实验、抢险救灾、人工影响天气或者其他紧急任务的飞行,来不及按照规定时限提出飞行申请时,可以提出临时飞行申请。临时飞行计划申请最迟应当在拟飞行 1 小时前提出;飞行管制部门应当在拟起飞时刻 15 分钟前作出批准或者不予批准的决定,并通知申请人。

第四十六条 【无人机临时飞行空域飞行计划申请】从事无人机飞行活动的公民、法人和其他组织,根据飞行活动要求,需要使用临时划设飞行空域的,应当向有关飞行管制部门提出使用临时划设飞行空域的飞行计划申请。

临时飞行空域的飞行计划申请应当包括下列内容:

(一)临时飞行空域飞行的水平、高度范围;

(二)飞入和飞出临时飞行空域的方法;

(三)使用临时飞行空域的时间;

(四)飞行活动性质;

(五)其他有关事项。

第四十七条 【无人机临时航线飞行计划申请与批复的时限】无人机使用临时航线转场飞行,其飞行计划申请应当在拟飞行 2 天前向升空当地飞行管制部门提出;飞行管制部门应当在拟飞行前 1 天 18 时前作出批准或者不予批准的决定,并通知申请人。

第四十八条 【飞行管制部门批准飞行计划的要求】飞行管制部门应当在规定时限内对无人机飞行计划申请做出批准或者不予批准的决定,并通知申请人。

第四十九条 【军用无人驾驶航空器飞行计划特别规定】其他法律、法规对军用航空器飞行计划申请有特别规定的,从其规定。

第六章 无人机飞行活动特殊情况处置

第五十条 【无人机特殊情况定义】无人机飞行中的特殊情况,是指突然发生的、直接或者间接危及飞行安全的情况。

第五十一条 【无人机特殊情况处置原则】处置无人机特殊情况,应当遵守安全、及时、协调、有效的原则,无人机操纵人员和飞行管制员应密切配合,立即启动预设处置方案,在确保飞行安全和公共安全的情况下,就近机场降落或者选择有利场地迫降(Forced Landing),其他航空器应主动避让出现特殊情况飞行的无人机。

第五十二条 【无人机特殊情况处置要求】无人机飞行应有出现操控员不能对无人机进行控制情况时应对的应急预案,无人机应能按照预编的应急预案处置程序继续进行自主飞行。无人机转入应急预案飞行时,操控员应当立即报告负责空域管制的飞行管制部门。

管制员应熟悉无人机的特殊情况处置预案。

第五十三条　【无人机特殊情况处置程序】无人机发生特殊情况不能保证运行安全或即将威胁到公共安全时,应采取应急措施,终止飞行、返航或就近回收迫降。无人机操纵员应立即报告相应飞行管制部门,并告知已采取的应急措施。管制员指挥其他有关航空器避让,并通报相关部门。无人机迫降或坠落以后,空管部门应当协助无人机操控员组织地面回收工作,帮助查明事故原因。

第五十四条　【无人机特殊情况处置责任界定】无人机操控员是进行无人机紧急情况处理的责任主体,具有选择并执行无人机特殊情况处置方案的决定权,并对该决定的正确性负责。

接到无人机出现特殊情况报告的相关管制部门,负责管制的协调和通报,并指挥其他航空器适时避让。

第七章　无人机飞行保障

第五十五条　【无人机飞行保障基本要求】通信、导航、监视、气象、航行情报和其他飞行保障单位、部门应当认真履行职责,密切协同,统筹兼顾,合理安排,提高飞行空域和时间的利用率,保障无人机飞行顺利实施。

第五十六条　【无人机紧急任务飞行保障的优先权】通信、导航、监视、气象、航行情报和其他飞行保障单位、部门对于无人机抢险救灾、人工影响天气等突发性紧急任务的飞行,应当优先提供飞行保障。

第五十七条　【无人机飞行活动的通信保障要求】从事无人机飞行活动的公民、法人和其他组织,应当与有关管制部门建立可靠的通信联络。

第五十八条　【无人机指控设备、监视设备要求】为了保证飞行安全,在非隔离空域组织实施无人机飞行的公民、法人和其他组织,除配备用于无人机飞行的指挥控制设备外,还应当在无人机指挥控制现场引接空管的飞行动态雷达监视信息,配备相应的动态信息融合与显示设备;同时将无人机动态信息送入当地管制部门。

第五十九条　【飞行管制部门的保障职责】管制部门应当按照职责分工或者协议,为无人机飞行活动提供空域使用咨询、协调、分配、监控和飞行情报服务保障。

第六十条　【无人机飞行空域飞行活动的保障】对隔离空域中飞行的无人机,不提供管制间隔服务,根据用户申请,可提供飞行情报服务;对在非隔离空域中飞行的无人机提供空管服务。对于不符合非隔离空域使用要求的无人机,因特殊任务需要进入非隔离空域飞行,经空域所在飞行管制区飞行管制部门批准,组织实施无人机飞行的公民、法人和其他组织,必须指定一架有人驾驶航空器伴飞,随时向飞行管制部门提供无人机的飞行信息。

对于在临时划设飞行空域中无人机的飞行,应当根据临时飞行空域的性质,提供相应的服务保障。

第六十一条　【无人机飞行活动的安全保障要求】从事无人机飞行活动的公民、法人和其他组织,在组织实施飞行活动前应当制定安全保障措施和特殊情况处置预案;配备必要的设施和人员,与管制部门建立可靠的通信联络,并保持联络畅通;具备掌握无人机飞行动态的手段;发生影响飞行安全或者公共安全的特殊情况时,应当立即报告管制部门,并及时采取处置措施。

第八章　无人机操控人员

第六十二条　【无人机操控人员的条件】从事无人机飞行操控的人员,应当具有中华人民共和国国籍,经国家相应航空主管部门批准的除外。因犯罪而受到刑事处罚的人员,不得担任无人机操控人员。

从事无人机操控的人员应当接受专门训练,经考核合格,取得国家相应航空主管部门颁发的执照或者证书,方可担任其执照或者证书载明的工作。

第六十三条　【无人机操控人员的权利】无人机操控人员在执行职务时,可以行使下列权利:

(一)行使机长的权利;

(二)根据无人机性能要求有决定任务载荷的权利;

(三)发现无人机、机场(或发射装置)、回收、气象条件不符合规定,有拒绝操纵无人机升空的权利;

(四)遇到特殊或紧急情况时,有对无人机做出最终处置的权利。

第六十四条　【无人机操控人员的义务】无人机操控人员在执行职务时,必须履行下列义务:

(一)遵守与航空相关的法律、法规、飞行规则;

(二)对所操控无人机的飞行安全负责;

(三)每次飞行前进行飞行准备并检查无人机状态;

(四)遇有空中威胁飞行安全的因素或者遇到特殊、紧急情况进行处置时,必须立即报告相应的管制部门;

(五)无人机发生飞行事故时,应当如实向管制部门报告。

第六十五条　【无人机操控人员的培训】无人机操控人员应当在指定的院校按照国家统一标准进行培训,经考核合格,颁发无人机操控人员资格证书。无人机操控人员必须经过理论和操控能力培训,至少包括以下内容:

(一)操控机型的关键飞行系统知识和操作规范;

(二)航空概论和飞行原理;

(三)航空管制、空中交通管制和航空法规;

(四)通信、导航、气象学;

(五)保持无人机航行诸元的能力;

(六)特殊动作操控和特殊情况处置。

第六十六条　【无人机操控人员的执照颁发】民用无人机操控人员,由民用航空主管部门考核、批准,颁发相应工作执照;国家航空器属性的无人机操控人员,由军队航空主管部门考核、批准,颁发相应工作执照。

第六十七条　【对犯罪人员担任飞行机组人员的限制】因故意犯罪而受到刑事处罚的

人员,不得担任无人驾驶航空器系统飞行机组人员。

第六十八条　【对外国人和外国无人驾驶航空器的限制】禁止外国无人驾驶航空器或者外籍人员单独使用无人驾驶航空器系统在我国境内进行地球观测、航空遥感、航摄航拍、矿产资源勘查等活动。

第九章　法律责任

第六十九条　【一般规定】违反本条例规定,《中华人民共和国民用航空法》和《中华人民共和国飞行基本规则》及有关行政法规对其处罚有规定的,从其规定;没有规定的,适用本章规定。

第七十条　【违反无人机飞行空域使用要求、飞行活动审批制度或者飞行组织实施规定的处罚】违反本条例规定,有下列情形之一的,由管制部门责令停止飞行或者立即改正,对无人机操控人员给予警告;情节较重的,吊销无人机操控人员执照一个月至六个月,并处一万元以上五万元以下罚款;造成重大事故的,吊销无人机操控人员执照,对其所在单位吊销通用航空经营许可证或者注销非经营性通用航空登记,同时处五万元以上二十万元以下罚款;

(一)违反本条例第八条规定,未经管制部门批准使用空域的;

(二)违反本条例第十六条规定,未按照管制部门批准的范围、用途、要求和审批的飞行计划使用空域或者擅自改变空域的性质和用途的;

(三)违反本条例第二十一条规定,未按照批准的飞行计划组织实施无人机飞行活动的;

(四)违反本条例第三十三条规定,未取得管制部门批准从事无人机飞行活动的;

(五)违反本条例第五十条规定,发生影响飞行安全的特殊情况,未立即报告管制部门或者采取处置措施不当的。

第七十一条　【违反无人机操控人员规定的处罚】违反本条例第五十一条规定,未取得无人机操控人员执照、证书或者超出无人机操控人员执照或者证书的范围操控无人机的,由国务院民用航空主管部门或者军队航空主管部门责令停止无人机操控活动,在国务院民用航空主管部门或者军队航空主管部门规定的期限内不得申领有关执照和证书,对其所在单位处以十万元以下的罚款。

第七十二条　【违反无人机飞行保障规定的处罚】违反本条例第四十六条、第四十七条或者第四十九条规定,未能遵守无人机飞行保障要求的,由管制部门责令其在规定时间内整改,整改完毕并达到本条例要求前,管制部门不受理其空域使用申请或者飞行计划申请。

第七十三条　【治安管理处罚与刑事责任】违反本条例规定,构成违反治安管理行为的,依法给予治安管理处罚;构成犯罪的,依法追究刑事责任。

第十章　附　　则

第七十四条　【名词解释】无人机:是指具有一定动力装置,通过人工遥控设备、机载自主控制系统进行操纵,重于空气的不能载人的航空器械。

无人机操控人员:是指与无人机正确、安全运行有关的指定工作人员。主要包括无人机驾驶员、指挥员、任务载荷操作员、任务规划操作员、无人机外部驾驶员和维修人员。

隔离空域:本条例所称隔离空域,是指为隔离无人机与有人驾驶航空器而划定的专供无人机使用的指定空域。

非隔离空域:本条例所称非隔离空域是指隔离空域以外的空域

管制部门:本条例所称管制部门是军队飞行管制部门和民用航空空中交通管制部门的统称。

第七十五条 【生效时限】本规定自××××年××月××日起施行。

附录六 四川省民用无人驾驶航空器安全管理暂行规定

第一章 总 则

第一条 为加强民用无人驾驶航空器安全管理,维护公共安全和飞行安全,根据《中华人民共和国民用航空法》《通用航空飞行管制条例》等法律法规,结合四川省实际,制定本规定。

第二条 在本省行政区域内从事民用无人驾驶航空器的生产、销售、使用及管理活动,应当遵守本规定。

前款所称民用无人驾驶航空器(以下简称民用无人机)是指没有机载驾驶员操纵、自备飞行控制系统,最大起飞重量大于0.25千克(含0.25千克),并从事非军事、警务和海关飞行任务的航空器。

第三条 民用无人机安全管理遵循保障安全、服务发展、分级管理、规范运行的原则。

第四条 省人民政府加强对民用无人机安全管理工作的统一领导,建立军地相关部门信息共享和协同联动机制,协调解决民用无人机安全管理重大问题。

市(州)、县(市、区)人民政府建立分级联动机制,组织协调相关部门对民用无人机实施安全管理。

公安、经济和信息化、安全监管、工商、海关等部门依照职责做好民用无人机安全管理工作。

第二章 日常管理

第五条 民用航空主管部门(以下简称民航部门)负责对民用无人机和从事民用无人机活动的单位、个人进行实名登记管理,按照国家规定建立登记注册及监督管理平台,配合飞行管制部门及时查处空中违法违规飞行活动。

民用无人机的实名登记和监督管理信息与飞行管制部门、公安部门共享。

第六条 县级以上地方人民政府有关部门依照下列规定履行职责:

(一)公安机关会同飞行管制、民航部门加强空域、航空器及飞行活动管理,对民用无人机违法违规飞行活动进行查处。

（二）经济和信息化部门应当对民用无人机研制生产者及其产品进行统计、管理，对民用无人机无线电频率、台（站）进行管理。

（三）工商部门负责对民用无人机生产经营者的登记注册，配合公安等部门对违法违规的生产销售行为进行查处。

（四）安全监管部门将民用无人机安全管理纳入安全生产综合目标考核，配合公安等部门做好对民用无人机违法违规行为的查处。

（五）海关依法对进境的民用无人机（包括散装组件）进行监管。

第七条　机场所在地县（市、区）人民政府应当会同飞行管制部门、民航部门及机场管理机构做好下列机场净空保护区域防控处置工作：

（一）向社会发布机场净空保护区域公告，明确机场净空保护区及民用无人机禁飞区域具体范围（四角定位坐标及四至界线）、净空保护法律法规规定及违法违规飞行举报奖励电话等内容；

（二）建设相关地面设施，在机场净空保护区及民用无人机禁飞区边界、路口等重点区域设置警示标识牌；

（三）做好机场周边区域巡防巡控，维护航行安全和运行秩序，及时发现和制止违法违规飞行活动；

（四）配合飞行管制部门、机场管理机构建设民用无人机识别防控技术体系，实现对违法违规飞行无人机的技术防控。

第八条　民用无人机生产企业应当执行国家有关民用无人机生产标准规范，保证其产品质量符合国家相关标准。

生产企业应当按照国家规定在民用无人机上安装飞行控制芯片、设置禁飞区域软件，采取防止改装或者改变设置的技术措施。

第九条　生产企业应当按照民航部门规定对其民用无人机产品的名称、型号、空机重量、最大起飞重量、产品类型和购买者姓名、移动电话等信息进行登记；在产品外包装明显位置和产品说明书中，提醒购买者进行实名登记，警示不实名登记擅自飞行的危害和后果，并提供登记标志打印材料。

第十条　民用无人机所有者应当按照民航部门规定登记姓名、有效证件号码、联系方式、产品型号、产品序号、使用目的；单位应当登记单位名称、统一社会信用代码或者组织机构代码。登记完成后，在民用无人机上粘贴登记标志。

民用无人机发生出售、转让、损毁、报废、丢失或者被盗等情况，原所有者应当及时注销原登记信息。变更后的所有者应当按照前款规定登记信息。

禁止改装民用无人机的飞行硬件设施或者改变出厂飞行性能设置。

第十一条　民用无人机所使用的无线电频率应当符合国家无线电管理规定。

第十二条　民用无人机行业协会、俱乐部、培训机构等社会组织应当加强行业自律和诚信制度建设，接受相关部门监督指导，建立会员情况信息统计及安全管理档案制度。

第三章　飞行管理

第十三条　民用无人机操作人员应当依法取得与飞行活动相对应的驾驶员资质及证照。

有下列情况之一的,无人机操作人员无需取得驾驶员证照:

(一)操作空机重量小于等于 4 千克、起飞重量小于等于 7 千克民用无人机的;

(二)在室内运行民用无人机的;

(三)拦网内等隔离空间运行民用无人机的。

第十四条　民用无人机驾驶员应当遵守下列规定:

(一)执行相关法律法规和飞行规则;

(二)对所操控无人机的飞行安全负责;

(三)飞行前准备并检查民用无人机状态;

(四)依法取得驾驶员资质,并随身携带相应驾驶证照和相关飞行手续;

(五)服从空中管制,按照经批准的飞行计划实施飞行活动。

第十五条　飞行管制部门负责组织空中监督管理,依法实施民用无人机飞行管制工作,对空中不明情况进行查证处置。

第十六条　对全省民用无人机的飞行空域实行分类管理,划分为管控空域、报备空域和自飞空域。

报备空域和自飞空域由省人民政府有关部门根据实际情况提出划设需求,经空域主管部门批复后,向社会公布。

管控空域为除报备空域和自飞空域之外的空域。

第十七条　民用无人机在管控空域内飞行,应当依法向飞行管制部门提出飞行空域和飞行计划申请,经批准后实施,飞行全程接受监控。

第十八条　民用无人机在报备空域内飞行,无需飞行空域和飞行计划审批,但应当服从报备空域管理者的管理。

民用无人机在自飞空域内飞行,无需飞行空域和飞行计划审批,但不得超出该空域规定的范围,且应当在驾驶员视距内操作飞行。

民用无人机在报备空域和自飞空域应当遵守的具体安全规则由省人民政府公安机关会同相关部门及行业协会制定,向社会公布。

第十九条　未经批准,禁止民用无人机在以下区域上空飞行:

(一)民用机场沿跑道中心线两侧各 10 公里、跑道端外 20 公里和军用机场沿跑道中心线两侧各 15 公里、跑道端外 20 公里范围内的净空保护区域;

(二)军事管理区、监狱、发电厂及其周边 100 米范围内;

(三)铁路和高速公路、超高压输电线路及其两侧 50 米范围内;

(四)大型军工、通讯、危险化学物品生产储存、物资储备等重点防控目标区;

(五)省和市(州)人民政府公告的临时管制区域。

第二十条　任何单位、个人不得利用民用无人机实施以下行为:

（一）偷拍军事设施、党政机关和其他保密场所；

（二）扰乱机关、团体、企业、事业单位生产工作正常秩序；

（三）投放包含淫秽、色情、赌博、迷信、恐怖、暴力等内容的宣传品；

（四）运输、投放爆炸性、毒害性、放射性、腐蚀性物质或者传染病病原体；

（五）危害他人人身及财产安全，破坏公共设施；

（六）偷窥、偷拍个人隐私；

（七）其他法律法规明令禁止的行为。

第二十一条　任何单位、个人发现违反本规定第十九条、第二十条规定行为的，或者未粘贴规定登记标志的民用无人机飞行的，可以向民航部门或者当地公安机关举报。

第四章　应急处置

第二十二条　公安机关发现民用无人机违法违规飞行或者接到举报的，应当立即查找其使用者、所有者，责令其立即停止飞行，依法扣押相关物品。

民用无人机违法违规飞行扰乱公共秩序或者危及公共安全的，公安机关依法对民用无人机实施技术防控等紧急处置措施。

第二十三条　公安机关依法查处涉及民用无人机违法违规飞行的相关企业和人员，民航、飞行管制、经济和信息化、工商等部门协同配合，有关企业应当协助。

第二十四条　县级以上地方人民政府应当依法将民用无人机安全应急管理纳入政府突发公共安全事件应急管理体系，健全信息互通、协同配合的应急处置工作机制。

县级以上公安、经济和信息化等部门应当制定民用无人机飞行安全管理应急预案，定期演练，提高应急处置能力。

第二十五条　使用民用无人机的单位及个人应当按照民航部门规定，事先制定飞行紧急情况处置预案，检查风险防范措施，消除安全隐患。

第二十六条　飞行遇有紧急情况时，驾驶员应当立即采取措施防止危及人身及财产安全的事故发生；出现危及飞行及公共安全情况时，应当迅速向事故发生地最近的公安、飞行管制、民航等相关部门报告。

第五章　法律责任

第二十七条　民用无人机所有者应当依法使用民用无人机，对使用安全负责；操作人员（含驾驶员）对民用无人机飞行安全负直接责任。

第二十八条　民用无人机生产经营企业、所有者、驾驶员的违法违规行为由民航、公安等有关部门纳入相关监督管理平台，工商部门通过国家企业信用信息公示系统将相关企业违法违规信息向社会公示。

第二十九条　违反本规定第九条、第十条第一款和第二款规定，民用无人机生产企业或者所有者有下列行为之一的，由公安机关责令改正，对公民个人处以 1 000 元以下罚款；对企业或者单位处以 1 000 元以上 30 000 元以下的罚款。

（一）未按规定进行登记或者提醒、警示购买者；

（二）未按规定登记或者粘贴登记标志；

（三）未按规定变更登记或者及时注销原登记信息；

（四）未按规定如实登记的；

（五）未按规定登记、粘贴标志并实施飞行活动。

第三十条 违反本规定第十条第三款规定，由公安机关责令改正，对公民个人处以500元以上1000元以下罚款；对单位处以10 000元以上30 000元以下的罚款。

第三十一条 违反本规定第十一条规定，由无线电管理机构按照《中华人民共和国无线电管理条例》等规定予以处罚。

第三十二条 违反本规定第十三条第一款、第十四条、第十七条规定，由民航部门或者公安机关按照《中华人民共和国民用航空法》《中华人民共和国飞行基本规则》《通用航空飞行管制条例》等法律法规规定予以处罚。

第三十三条 违反本规定第十九条第（一）项规定，在机场净空保护区域上空放飞影响飞行安全的民用无人机，由机场所在地公安机关责令改正，给予警告；情节严重的，按照《民用机场管理条例》处2万元以上10万元以下罚款。

第三十四条 违反本规定规定，构成违反治安管理行为的，由公安机关依法给予治安管理处罚；构成犯罪的，依法追究刑事责任。

第三十五条 违反本规定规定，法律法规有规定的，从其规定。

第六章 附 则

第三十六条 最大起飞质量低于0.25千克的微型民用无人机适用本规定关于空域限制和相关法律责任的规定。

第三十七条 飞行体育运动航空模型、升放无人驾驶自由气球或者系留气球违反相关规定的，由体育、气象等主管部门按照有关法律法规予以处罚。

使用自备飞行控制系统的航空模型，适用本规定。

第三十八条 本规定自2017年9月20日起施行。

附录七 深圳市民用无人机管理暂行办法（征求意见稿）

第一章 总 则

第一条 为了规范无人机飞行以及相关活动，维护各方安全，促进无人机产业以及相关领域健康有序发展，根据《中华人民共和国民用航空法》、《中华人民共和国飞行基本规则》、《通用航空飞行管制条例》、《民用机场管理条例》等法律、法规规定，结合本市实际，制定本办法。

第二条 本办法适用于本市行政区域内民用无人机的生产、销售、飞行以及安全管理活动。

本办法所称无人机,是指没有机载驾驶员,自备飞行控制系统的航空器,按照性能指标分为微型、轻型、小型、中型和大型。

第三条　无人机管理遵循保障安全、服务发展、协调联动的原则。

第四条　市政府对无人机管理工作进行统一领导,明确公安、工信、市场监督管理等各部门职责分工,建立与相关军民航空管单位的信息共享和协调联动机制,协调解决无人机管理中的重大问题。

相关军民航空管单位依法对无人机飞行活动进行管理。

第二章　民用无人机及操控员管理

第五条　无人机企业设计、生产的民用无人机应当符合民用无人机及其系统的设计、生产的国家标准、行业标准。

第六条　禁止销售不符合国家强制性标准或者明示的执行标准或者产品标识不符合《产品质量法》相关规定的无人机。

第七条　从事中大型民用无人机及其系统的设计、生产、进口、飞行和维修活动,应当依法向民用航空主管部门申请取得有关适航许可。

从事微型、轻型、小型民用无人机及其系统的设计、生产、进口、飞行、维修以及组装、拼装活动,应当遵守产品质量法律法规的有关规定,保证产品符合有关强制性国家标准。

第八条　轻型、小型无人机设计、生产者应当确保无人机具备经实名登记后方可激活使用的功能。

微型、轻型、小型民用无人机的生产者应当在无人机机体标注产品类别及唯一产品识别码等信息,在产品外包装显著位置标明守法运行和风险提示。

第九条　除微型以外的民用无人机的所有者应当依照国家民用航空主管部门的规定进行实名登记。

第十条　使用除微型以外的民用无人机从事经营性飞行活动的单位和个人,应当按照国家民用航空主管部门的规定申请取得民用无人机运营合格证。

取得民用无人机运营合格证后从事经营性通用航空飞行活动,以及从事植保无人机作业飞行活动,无需取得通用航空经营许可证和运行合格证。

通用航空经营许可证和运行合格证的获取参照国家有关规定执行。

第十一条　使用民用无人机从事经营性飞行活动,以及使用小型、中型、大型民用无人机从事非经营性飞行活动,应当依法投保责任保险。

第十二条　微型、轻型、小型民用无人机投放市场后,发现存在缺陷的,其设计、生产者、进口商应当停止设计、生产、销售并组织开展调查分析,向省市场监督管理部门报告。对经调查确认存在缺陷的,召回缺陷产品,并通知有关经营者、使用者停止经营、使用。

中、大型民用无人机不能持续处于适航状态的,由民航主管部门依照适航管理的规定处理。

第十三条　任何单位、个人改变已取得适航证书或者经过强制性产品认证的民用无人机及其系统的空域保持、被监视能力以及速度、高度性能,并拟将其用于飞行活动的,应当依照国家有关规定重新申请取得适航证书许可或提供改变后的产品符合相关强制性产品标准要求的有效检验报告。

第十四条 民用无人机及其系统的无线电发射设备应当符合无线电管理的法律法规及国家有关规定要求。

第十五条 操控小型、中型、大型民用无人机的人员应当按照国家民用航空主管部门的有关规定,申请取得相应的操作员执照。

操控微型、轻型民用无人机飞行,无须取得操作员执照,但应当熟练掌握有关机型操作方法,了解风险警示信息和有关管理制定。

操控轻型民用无人机超出适飞空域飞行的,应当具有完全民事行为能力,并按照国家民用航空主管部门的规定培训合格。

分布式操作的无人机系统或者集群,其操作者个人无需取得操作员执照,但组织飞行活动的单位或者个人应符合国家民用航空主管部门的有关操控规定。

第三章 飞行空域管理

第十六条 (一)飞行空域的设置优先考虑安全,同时兼顾高效利用的原则。管控空域的划设兼顾国家安全、航空安全和公共安全,应按照分级分类,结合需求,动态管控,灵活实施的原则执行划设。

(二)公安机关牵头汇总管控空域划设需求;涉军管控空域由军队相关单位提出,涉民航管控空域由民航深圳空管站提出,涉国家安全、公共安全的其他管控空域由公安机关提出。

(三)原则上,管控空域坐标范围由边界坐标组成;因地理信息涉密等原因无法明确或公布边界坐标点的,该管控空域的坐标范围应当以该地面单位的中心点及一定半径向外扩展至不涉密的范围划出。

(四)每年 9 月 1 日至 9 月 30 日,公安机关牵头采集关于需增减的民用无人机管控空域,10 月 1 日至 10 月 15 日,以政府信息公开的方式向社会征求空域划设意见。

每年 10 月 31 日前,由公安机关向南部战区空军飞行管制部门报批深圳市民用无人机管控空域划设意见,审批后由深圳市政府对外公布,并在无人机综合监管平台公布。

第十七条 真高 120 米以上空域、下列区域及其上空视为微型、轻型、小型无人机的管控空域。未经批准,禁止微轻、轻型、小型民用无人机飞行:

(一)民航机场和通航机场障碍物限制面及周边一定范围内;

(二)香港边境线到深圳一侧 100 米范围内;

(三)军事禁区、军事管理区、监管场所、市级以上党政机关、重要保密单位以及周边 50 米范围内;

(四)重要军工设施保护区域、核设施控制区域、易燃易爆等危险品的生产、仓储区域,以及可燃重要物资的大型仓储区域围界内;

(五)发电厂、变电站、市级公共交通枢纽、航电枢纽、港口、高速公路、铁路电气化线路和重要饮用水水源保护区围界内;

(六)射电天文台、卫星测控(导航)站、航空无线电导航台、雷达站等需要对电磁环境实施特殊保护的设施及周边 100 米范围内。

以上区域外的空域为微型、轻型、小型无人机的适飞空域;植保无人机适用微、轻、小型无人机的适飞空域。

所有空域均为中型、大型民用无人机管控空域。

第四章　飞行活动管理

第十八条　遇有下列特殊情况,需要临时增加管控空域的,由公安机关向南部战区空军飞行管制部门报批后,通过无人机综合监管平台对外公布;公告须包含管控空域的范围和管控时间。

(一)保障国家组织的重大活动及重要大型群众性活动的;

(二)保障执行反恐维稳、抢险救灾、医疗救护等其他紧急任务的。

使用无人机执行反恐维稳、抢险救灾、医疗救护等紧急任务,应按照国家有关规定提出飞行活动申请。

第十九条　无人机原则上与有人驾驶航空器隔离飞行。

隔离飞行和融合飞行的有关要求,参照国家有关规定执行。

需要进行融合飞行的,参照国家有关规定,报南部战区空军飞行管制部门、民航深圳监管局、民航深圳空管站批准后,可以进行融合飞行。

第二十条　实施无人机飞行活动,应当按照国家有关规定主动报送识别信息。

第二十一条　无人机操控者对无人机的飞行活动安全直接负责。遇有紧急情况时,应当立即采取应急措施防止危及航空安全和地面人身及财产安全的事故发生。出现危及公共安全的情况,应当立即向事故发生地的公安机关报告。涉及民用航空安全的,还应向民航深圳监管局报告。

第二十二条　组织无人机在管控空域从事飞行活动的单位或者个人应当按照国家有关规定向南部战区空军飞行管制部门、民航深圳监督管理局、民航深圳空管站提出飞行活动申请,获批后方可飞行。微型、轻型、小型无人机和植保无人机在适飞区域内飞行的,无需进行飞行活动申请。

第二十三条　操控无人机进行飞行活动,应当遵守以下行为规范:

(一)依法取得有关许可证书、证件并在飞行时备查;

(二)飞行前做好安全飞行准备,检查无人机状态,并及时更新地理围栏等信息;

(三)实时掌握无人机飞行动态,实施需经批准的飞行活动,应当保持通信联络畅通,服从空中交通管理,飞行结束后及时报告;

(四)按照国家相关军民航空管单位的规定保持必要的间隔。

第二十四条　操控无人机实施飞行活动,应当遵守以下避让规则:

(一)无人机飞行应当避让有人驾驶航空器、无动力装置的航空器飞行以及地面、水上交通工具;

(二)无人机单架飞行,应当主动避让集群飞行;

(三)微型无人机飞行,应当主动避让其他无人机飞行。

第二十五条　组织无人机飞行活动的单位或者个人,应当遵守国家安全和保密规定,不得利用无人机实施下列行为:

(一)从事恐怖主义、极端主义,以及开展间谍、窃密、反动宣传等活动;

(二)运输、投放爆炸性、毒害性、放射性、腐蚀性等损害人体健康和生命安全的物质或者传染病病原体;

(三)危害他人人身及财产安全,破坏公共设施;

(四)违法拍摄军事设施、军工设施、党政机关和其他保密场所;

(五)扰乱机关、团体、企业、事业单位生产工作或公共场所正常秩序;

(六)投放包含淫秽色情、赌博、迷信、恐怖、暴力等违反法律法规规定内容的宣传品;

(七)从事危及他人生命健康、非法采集信息等侵犯他人人身权益的活动;

(八)妨碍国家机关工作人员依法执行职务;

(九)法律法规禁止的其他行为。

第五章　研发试验验证飞行管理

第二十六条　研发试验验证场地建设应充分考虑国家安全、社会效益和公众利益,符合统一管理、安全高效、便利产业的原则。

(一)研发试验验证场地应选取与军民航飞行空域、无人机重点管控空域保持一定距离的空旷场地,试验验证高度应满足与军民航飞行高度保持安全间隔;

(二)微型、轻型、小型无人机在其适飞空域内进行长期、固定、多架次、重复性研发试验验证飞行的,无需进行飞行活动申请,须向民航深圳监管局、公安机关备案,但轻型、小型无人机应向无人机综合监管平台报送识别信息,若不具备报送信息能力,则应进行飞行活动申请;超出适飞空域的,应参照有关规定进行长期飞行活动申请;微型、轻型、小型无人机临时、少架次、低频次的试验验证飞行,须在适飞空域内开展,由运行单位做好安全管理;

(三)研发试验验证场地应配备通信、气象监测和监控等相关安全运行和监管设备;

(四)研发试验验证场地应落实运行单位(无人机运营企业)的安全主体职责,制定安全生产管理体系,风险防范措施和事故处置预案。

第二十七条　因研发试验验证不满足适航、认证等相关规定,无法上报飞行动态数据,无法完成实名登记的,试验验证运行单位应承担安全主体责任,做好登记管理、技术保障和安全事故上报。

研发试验验证一律不得超出场地范围和审批高度,并由运行单位投保强制保险。

研发试验验证操控员,无须取得执照,但应通过运行单位统一组织的培训并合格。

第六章　物流配送飞行管理

第二十八条　为支持无人机行业在低空空域内积极探索货物运输类活动,特制定本章以规范其飞行活动。

物流配送无人机运营合格证申请及管理办法未明确前,运营人可参照本章物流配送飞行管理要求执行。

本规定第一章至第五章规定适用于物流配送无人机。

第二十九条　独立操作、分布式操作或集群飞行的物流配送无人机飞行,其运营人应按照国家有关规定向南部战区空军飞行管制部门提出飞行活动申请;轻型、小型物流配送无人机须主动报送识别信息。

第三十条　物流配送无人机运营人对无人机的飞行活动安全直接负责,应当制定安全保障措施、应急处置办法。

第三十一条　物流配送无人机应按照民用航空主管部门运行风险评估(SORA)方法开展地面风险和空中风险评估,并提供安全运行能力证明材料。

物流配送无人机及其系统须符合民用航空管理部门的适航管理要求。

第七章　应急处置

第三十二条　无人机飞行发生特殊情况时,组织飞行活动的单位或者个人应当及时处置,遵从空中交通管理指令;导致飞行安全问题的,组织飞行活动的单位或者个人,还应当在无人机降落后 24 小时内向南部战区空军飞行管制部门或民航深圳监管局报告。

第三十三条　无人机违反飞行管理规定、扰乱公共秩序或者危及公共安全的,南部战区空军飞行管制部门、民航深圳监管局和公安机关可以依法扣押有关物品、责令停止飞行、查封违法活动场所等紧急处置措施。

第三十四条　为维护航空安全、公共安全、国家安全,保障重大任务,处置突发事件,军事、警察、国安单位可以依法配备和使用无人机反制设备,但不得影响民航安全。

无人机反制设备配备、使用及授权管理办法,按照国家有关规定执行。

任何组织和个人不得非法拥有、使用无人机反制设备。

第八章　法律责任

第三十五条　销售不符合国家强制性标准或者明示的执行标准或者产品标识不符合《产品质量法》相关规定的无人机,由市场监督管理部门按照《中华人民共和国产品质量法》和《深圳经济特区产品质量管理条例》进行处罚。

第三十六条　违反本办法规定,从事中型、大型民用无人机系统的设计、生产、飞行和维修活动,未依法取得有关适航许可的,由民航深圳监管局责令停止相关活动,没收违法所得,并处 30 万罚款。情节严重的,民航深圳监管局可责令其停止飞行。

第三十七条　从事微型、轻型、小型民用无人机及其系统的设计、生产、进口、飞行、维修以及组装、拼装活动,未符合质量相关法规或有关强制性国家标准的,依照《产品质量法》的有关规定处罚。

第三十八条　无人机所有人违反本办法第九条规定,未在民用航空管理部门无人机实名登记系统上完成实名登记的,由民航深圳监管局责令改正,处 1 000 元罚款。

第三十九条　无人机所有人用无人机从事经营性飞行活动未完成实名登记的,由民航深圳监管局处 5 000 元罚款。

第四十条　违反本办法规定,未取得运营合格证或者超出许可范围从事无人机经营性飞行活动的,由民航深圳监管局责令停止飞行,并处 5 万元以上 30 万元以下的罚款;超出许可范围经营的,可暂扣直至吊销有关经营许可。

第四十一条 违反本办法规定,民用无人机未依法投保责任险的,由民航深圳监管局、公安机关责令停止飞行。

第四十二条 违反本办法规定,微型、轻型、小型无人机生产者、进口商在国务院市场监督管理部门责令其召回相关缺陷产品后拒不召回的,由市场监管管理部门按照《中华人民共和国消费者权益保护法》第五十六条规定处理。

第四十三条 违反本办法规定,改变已取得适航证书的民用无人机及其系统的空域保持、被监视能力以及速度、高度性能,未重新申请取得适航许可并将其用于飞行活动的,由民航深圳监管局责令停止相关活动,没收违法所得,并处 30 万元罚款。情节严重的,民航深圳监管局可责令其停止飞行。

违反本办法规定,改变已符合强制性标准要求的民用无人机及其系统的空域保持、被监视能力以及速度、高度性能,并将其用于飞行活动,且未提供改变后的产品符合相关强制性产品标准要求的有效检验报告的,由空中交通管理单位责令停止飞行,并由市场监督管理部门对单位处 20 000 元罚款,对个人处 2 000 元罚款;情节严重的,对单位处 50 000 元罚款,对个人处 5 000 元罚款。

第四十四条 民用无人机及其系统违反无线电管理的法律、行政法规及国家有关规定的,由无线电管理机构依照有关法律法规及国家有关规定处罚。

第四十五条 违反本办法规定,未取得民用无人机驾驶员执照、操作证书操控民用无人机的,由民航深圳监管局责令停止飞行,处 5 000 元以上 5 万元以下的罚款,2 年内不受理其相应执照、证书申请。

第四十六条 超出驾驶员执照、操作证书载明范围操控无人机的,由民航深圳监管局暂扣驾驶员执照、操作证书 6 个月以上 1 年以下,并处 1 万元以上 10 万元以下的罚款。

第四十七条 违反本办法规定,不符合民用航空管理部门有关规定操控民用分布式无人机系统或者集群的,由民用航空管理部门处 2 万元以上 20 万元以下的罚款;有违法所得的,没收违法所得。

第四十八条 无人机生产企业违反本办法第二十条规定,未采取措施确保无人机报送识别信息的,由民航深圳监管局责令改正;造成损害的,处 10 000 元罚款并依法承担相应责任。

第四十九条 组织飞行活动的单位或者个人违反本办法第十九条、第二十条、第二十一条、第二十二条、第二十三条、第二十四条、第二十五条规定的,由南部战区空军飞行管制部门、民航深圳监管局、公安机关处 1 000 元以上 50 000 以下罚款。情节严重的,由民航深圳监管局暂扣运营合格证、操控员执照 1 个月至 3 个月或责令停止飞行 6 个月至 1 年。

第五十条 违反本办法规定,非法拥有或者使用无人机反制设备的,由无线电管理机构或者公安机关按照职责分工予以没收;情节严重的,处 2 万元以上 20 万元以下的罚款。依法配备无人机反制设备的单位违规使用反制设备,造成损害后果的,对负有责任的领导人员和直接责任人员依法给予处分。

第五十一条　无人机飞行活动违反军事设施保护法律、行政法规的,由公安机关依照有关法律、行政法规的规定执行。

第五十二条　违反本办法规定,有关部门、单位及其工作人员在无人机飞行以及有关活动的管理工作中滥用职权、玩忽职守、徇私舞弊或者有其他违法行为的,依法给予处分。

第五十三条　违反本办法规定,构成违反治安管理行为的,由公安机关依法给予治安管理处罚;构成犯罪的,依法追究刑事责任;造成人身、财产或者其他损害的,依法承担民事责任。

第九章　附　则

第五十四条　本办法下列用语的含义:

微型无人机,是指空机重量小于 0.25 千克,最大飞行真高不超过 50 米,最大平飞速度不超过 40 千米/小时,无线电发射设备符合微功率短距离技术要求,全程可以随时人工介入控制的无人机。

轻型无人机,是指空机重量不超过 4 千克且最大起飞重量不超过 7 千克,最大平飞速度不超过 100 千米/小时,具备符合空域管理要求的空域保持能力和可靠被监视能力,全程可以随时人工介入控制的无人机,但不包括微型无人机。

小型无人机,是指空机重量不超过 15 千克且最大起飞重量不超过 25 千克,具备符合空域管理要求的空域保持能力和可靠被监视能力,全程可以随时人工介入控制的无人机,但不包括微型、轻型无人机。

中型无人机,是指最大起飞重量不超过 150 千克的无人机,但不包括微型、轻型、小型无人机。

大型无人机,是指最大起飞重量超过 150 千克的无人机。

无人机系统,是指无人机以及与其有关的遥控台(站)、任务载荷和控制链路等组成的系统。其中,遥控台(站)是指遥控航空器的各种操控设备(手段)以及有关系统组成的整体。

植保无人机,是指最大飞行真高不超过 30 米,最大平飞速度不超过 50 千米/小时,最大飞行半径不超过 2 000 米,具备空域保持能力和可靠被监视能力,专门用于植保、播种、投饵农林牧渔作业,全程可以随时人工介入操控的无人机。

隔离飞行,是指无人机与有人驾驶航空器不同时在同一空域内的飞行。

融合飞行,是指无人机与有人驾驶航空器同时在同一空域内的飞行。

分布式操作,是指把无人机系统操作分解为多个子业务,部署在多个站点或者终端进行协同操作的模式。

集群,是指采用具备多台无人机操控能力的同一系统或者平台,为了处理同一任务,以各无人机操控数据互联协同处理为特征,在同一时间内并行操控多台无人机以相对物理集中的方式进行飞行的无人机运行模态。

无人机反制设备,是指用于防控无人机违规飞行的干扰、截控、捕获、摧毁设备。

空域保持能力,是指通过地理围栏等技术措施控制无人机的高度与水平范围的能力。

无人机综合监管平台,是指国家或地方政府建设的专门用于无人机监管与服务的平台。

附录八　重庆市民用无人驾驶航空器管理暂行办法

第一条　为加强民用无人驾驶航空器管理，维护国家安全和社会公共安全，根据《中华人民共和国民用航空法》《中华人民共和国飞行基本规则》《通用航空飞行管制条例》等法律法规，结合本市实际，制定本办法。

第二条　在本市行政区域内民用无人驾驶航空器的生产、销售、使用及管理等适用本办法。

第三条　本办法所称的民用无人驾驶航空器（以下称民用无人机），是指没有机载驾驶员操纵，自备飞行控制系统，并从事非军事、警察和海关飞行任务的航空器。

第四条　民用无人机管理应当遵循综合管理、实名监管、信息共享、疏堵结合的原则。

第五条　市、区县（自治县）人民政府对本级行政区域民用无人机管理承担主体责任。

市人民政府协调有关部门和单位建立民用无人机联防联控工作机制。

区县（自治县）人民政府应当建立本级联动工作机制，制定飞行事件应急处置预案，组织实施民用无人机具体管理工作。

第六条　飞行管制部门组织实施空中监管，依法实施民用无人机飞行管制工作。

民航部门依法对民用无人机及其生产企业、所有人等进行实名登记管理，及时查处违法违规飞行行为，加强行业监管。

第七条　公安机关负责民用无人机销售和寄递信息实名登记管理工作，依法对危及公共秩序和公共安全的民用无人机采取紧急处置措施，维护降落后的现场秩序，组织协调地面防范管控，配合有关部门对违法违规飞行行为进行查处。公安派出所协助民航部门开展民用无人机实名登记管理工作，接受民航部门的委托，受理民用无人机生产企业、所有人的信息登记。

工业和信息化部门负责对民用无人机研制生产企业及其产品进行统计、管理，对民用无人机的无线电频率进行管理。

工商部门负责对生产、销售民用无人机企业进行登记管理。

交通、体育、测绘、气象、海关、邮政、安监等有关部门按照各自职责做好民用无人机管理工作。

第八条　飞行管制、民航、公安、交通、工业和信息化、工商、邮政等部门应当建立民用无人机信息共享机制，实现各部门之间信息共享，为民用无人机管理提供保障。

第九条　民用无人机生产企业应当按照民用无人机实名制登记管理规定，对企业信息及其产品的名称、型号、最大起飞重量、空机重量、产品类型和民用无人机购买者姓名、移动电话等信息进行登记。

民用无人机生产企业应当在产品外包装明显位置和产品说明书中，提醒购买者进行实名登记，警示未实名登记擅自飞行的危害，并提供登记标志打印材料。

民用无人机生产企业应当按照国家有关规定在民用无人机上安装飞行控制芯片、设置禁飞区域软件,采取防止改装飞行硬件设施或者改变出厂飞行性能设置的技术措施。

第十条 民用无人机销售者应当对购买者的姓名、有效证件号码、地址、联系方式以及民用无人机产品型号、产品序号等进行登记,接受有关部门查验。

物流、寄递企业在收寄民用无人机以及发动机、控制芯片等重要零部件时,应当登记交寄物品以及寄件人和收件人的姓名、地址、联系方式等信息,接受有关部门查验。

第十一条 民用无人机所有权人应当按照民用无人机实名制登记管理规定,登记姓名、有效证件号码、联系方式、产品型号、产品序号、使用目的,单位还应当登记单位名称、统一社会信用代码或者组织机构代码。登记后,民用无人机所有权人应当在民用无人机上粘贴登记标志。

民用无人机发生出售、转让、损毁、报废、丢失或者被盗等情况时,原所有权人应当及时注销原登记信息。变更后的所有权人应当按照前款规定登记信息。

民用无人机的所有权人应当按照国家无线电管理规定,使用无线电频率。

严禁改装民用无人机的飞行硬件设施或者改变出厂飞行性能设置。

第十二条 民用无人机的驾驶员应当履行下列义务:

(一)遵守有关法律法规和飞行规则;

(二)对所操控民用无人机的飞行安全负责;

(三)进行飞行前准备并检查民用无人机运行状态;

(四)随身携带相应的驾驶资格证明文件和有关飞行手续;

(五)服从空中管制,在管控空域还应当按照经批准的飞行计划实施飞行活动。

第十三条 民用无人机飞行空域分为自飞空域、报备空域和管控空域。

自飞空域和报备空域由市人民政府有关部门根据实际情况提出划设需求,经飞行管制部门、民航部门批准后向社会公布。

除自飞空域和报备空域以外的空域为管控空域。

第十四条 在自飞空域内开展民用无人机飞行活动,无需飞行任务审批、临时飞行空域审批、飞行计划申请或者报备手续,但不得超出规定的范围,且应当在驾驶员的视距范围内操控飞行。

在报备空域内开展民用无人机飞行活动,无需飞行任务审批、临时飞行空域审批、飞行计划申请或者报备手续,但不得超出规定的范围,且应当服从报备空域管理者的管理。报备空域管理者应当按照规定向飞行管制部门报备飞行动态,并服从飞行管制部门管制调配指令。

在管控空域内开展民用无人机飞行活动,应当依法取得必要的飞行任务、临时飞行空域审批,并按照《中华人民共和国飞行基本规则》和《通用航空飞行管制条例》规定提出飞行计划申请,经批准后实施。

飞行管制部门、民航部门应当为单位或者个人取得飞行任务、临时飞行空域审批以及申请飞行计划提供便利、高效服务。

第十五条 未经批准,严禁民用无人机在以下区域上空飞行:

(一)党政机关等重点地区;

（二）民用机场沿跑道中心线两侧各 10 公里、跑道端外 20 公里范围内的净空保护区域；

（三）军工、通信、供水、供电、能源供给、危险化学物品储存、大型物资储备等重点防控目标区；

（四）车站、码头、港口、商圈、街道、公园、大型活动场所、展览馆、学校、医院等人员密集区域；

（五）市、区县（自治县）人民政府公告的临时管制区域。

区县（自治县）人民政府应当在以上区域设置警示标识。

第十六条 任何单位、个人不得利用民用无人机实施以下行为：

（一）偷拍军事设施、重要党政机关和其他保密场所；

（二）扰乱机关、团体、企业、事业单位的工作、生产、教学、科研、医疗秩序；

（三）阻碍国家机关工作人员依法执行职务；

（四）追逐、拦截他人，或者制造噪音干扰他人正常生活；

（五）投掷、倾倒物品或者伤害他人身体、损毁公私财物；

（六）偷窥、偷拍个人隐私；

（七）其他违反法律法规的行为。

第十七条 任何单位、个人发现违反本办法第十五条、第十六条规定的，可以向民航部门或者当地公安机关举报。

通过举报查获违法违规飞行的，按照有关规定给予举报人奖励。

第十八条 民用无人机培训机构应当将民用无人机管理有关法律法规和飞行安全知识纳入培训内容。

民用无人机行业协会、俱乐部等应当组织民用无人机所有权人、驾驶员学习民用无人机管理有关法律法规、飞行安全知识。

民用无人机培训机构、行业协会、俱乐部等应当向民航、公安等部门提供民用无人机及其所有权人、驾驶员、飞行活动等有关信息。

第十九条 市、区县（自治县）人民政府有关部门应当向单位和个人宣传民用无人机管理有关法律法规，警示违法违规飞行危害，教育引导民用无人机所有权人、驾驶员依法依规飞行。

第二十条 区县（自治县）人民政府应当组织有关部门和单位开展地面巡逻防控，在重点地区建立观察哨，及时发现、制止违法违规飞行活动。

第二十一条 公安机关发现或者接到举报民用无人机违法违规飞行的，应当立即查找其所有权人、驾驶员，责令其立即停止飞行。

民用无人机违法违规飞行危及公共秩序或者公共安全的，公安机关可以依法采取拦截、捕获、迫降等紧急处置措施。

第二十二条 违反本办法第九条第一款和第二款、第十一条第一款和第二款、第十二条、第十四条、第十五条规定的，由民航部门按照《中华人民共和国民用航空法》《中华人民共和国飞行基本规则》《通用航空飞行管制条例》等法律法规的规定予以处罚。

第二十三条 违反本办法第十条规定的，由公安机关处 5 000 元以上 1 万元以下罚款；

情节严重的,处 1 万元以上 3 万元以下罚款。

第二十四条　违反本办法第十一条第三款规定的,由无线电管理机构按照《中华人民共和国无线电管理条例》的规定予以处罚。

第二十五条　违反本办法第十一条第四款规定的,由公安机关对个人处 500 元以上 1 000 元以下罚款;对单位处 1 万元以上 3 万元以下罚款。

第二十六条　违反本办法规定,构成违反治安管理行为的,由公安机关按照《中华人民共和国治安管理处罚法》的规定予以处罚;涉嫌犯罪的,移送司法机关依法追究刑事责任。

第二十七条　从事航空体育运动的航空模型,施放系留气球或者无人驾驶自由气球违反有关规定的,由体育、气象等行政主管部门依照有关法律法规处罚。

违法升放风筝、孔明灯等空飘物的,参照本办法处置。

军事设施的保护范围划定及有关保护措施按照《中华人民共和国军事设施保护法》等法律法规的规定执行。

第二十八条　本办法自 2017 年 12 月 1 日起施行。

附录九　浙江省无人驾驶航空器公共安全管理规定

(2019 年 3 月 28 日浙江省第十三届人民代表大会常务委员会第十一次会议通过)

第一条　为了加强和规范无人驾驶航空器安全管理,保障公共安全,维护社会秩序,根据有关法律、行政法规,结合本省实际,制定本规定。

第二条　在本省行政区域内生产、经营、使用无人驾驶航空器涉及的相关公共安全管理活动,适用本规定。

第三条　本规定所称无人驾驶航空器,是指没有机载驾驶员操纵并自备飞行控制系统的无人机、飞艇、航空模型等,执行军事、海关、警察飞行任务的无人驾驶航空器除外。

前款规定的无人驾驶航空器的具体范围由省公安机关规定,并报省人民政府批准。

第四条　无人驾驶航空器公共安全管理,应当遵循安全规范、预防为主、综合治理的原则,落实生产者、经营者、所有者和使用者的责任。

无人驾驶航空器的生产、经营、使用应当遵守有关法律、法规和飞行管制部门的规定。

第五条　县级以上人民政府应当加强对无人驾驶航空器公共安全管理工作的领导,建立健全公共安全管理机制,制定突发事件应急预案,并将所需经费纳入本级财政预算。

公安机关负责无人驾驶航空器的公共安全管理,其他有关部门在各自职责范围内负责相关无人驾驶航空器安全管理工作。

省公安机关会同飞行管制部门、省有关部门建立信息共享和通报制度。

第六条　无人驾驶航空器行业协会应当加强行业自律,按照章程建立健全行业规范和奖惩机制,提供无人驾驶航空器公共安全信息、技术等服务,引导和督促无人驾驶航空器生产者、经营者、所有者、使用者依法生产、经营、使用,宣传、普及安全知识。

无人驾驶航空器培训机构应当依法经营、诚实守信,并将有关法律、法规、规章和飞行安全知识纳入培训内容。

无人驾驶航空器行业协会、培训机构应当向公安、民用航空等部门提供协会成员、培训对象的有关信息。

第七条 无人驾驶航空器依照国家规定实行实名登记管理制度。

公安机关协助民用航空主管部门实施无人驾驶航空器实名登记管理制度。民用航空主管部门应当为无人驾驶航空器所有者登记提供便利。

第八条 无人驾驶航空器所有者在取得无人驾驶航空器后,应当按照规定向民用航空主管部门进行登记。

无人驾驶航空器所有权转让或者消灭的,所有者应当及时向民用航空主管部门申请变更或者注销登记。

第九条 无人驾驶航空器生产企业应当按照国家和省有关规定在无人驾驶航空器上安装电子围栏,并采取技术措施防止恶意改装或者改变设置。

任何单位、个人不得违反规定改装无人驾驶航空器,不得擅自改变、破坏无人驾驶航空器电子围栏。

第十条 无人驾驶航空器销售者应当向购买者正确介绍使用方法和安全注意事项,并告知购买者进行实名登记。

无人驾驶航空器操控人员应当具有相应知识和技能。

鼓励无人驾驶航空器所有者购买无人驾驶航空器第三者责任险。

第十一条 国家和省规定的关系国计民生、国家安全和公共安全的重要单位、设施、场所,禁止无人驾驶航空器在其上空飞行。具体范围根据国家和省有关规定确定后向社会公布,并采取多种形式对公众进行宣传。

确需在前款规定的单位、设施、场所上空飞行的,应当依法报请飞行管制部门批准,并报所在地公安机关备案。

第十二条 在重大活动筹备、举行期间以及延后期限内,省、设区的市人民政府可以设定无人驾驶航空器禁飞时间和禁飞区域,并事先向社会公告。

无人驾驶航空器不得在禁飞时间和禁飞区域内起降、飞行。因执行重大活动的电视传播和航拍、应急救援、气象探测等飞行任务,无人驾驶航空器需要在禁飞时间和禁飞区域内起降、飞行的,应当事先报经公安机关同意。

在禁飞时间和禁飞区域内,公安机关可以临时封闭起降场地。

第十三条 任何单位、个人不得利用无人驾驶航空器实施下列行为:

(一)非法投掷物品;

(二)携带、运输违禁品;

(三)扰乱机关、团体、企业事业单位的工作、生产、教学、科研、医疗等活动的正常秩序;

(四)危害他人人身安全和财产安全,破坏公共设施;

(五)偷窥、偷拍个人隐私;

(六)违反法律、法规规定的其他行为。

第十四条　无人驾驶航空器违反规定飞行,可能危及公共安全的,公安机关可以采取拦截、迫降、捕获等方式对无人驾驶航空器予以扣押。

第十五条　无人驾驶航空器飞行过程中遇有紧急情况、可能危及人身和财产安全的,操控人员应当立即采取措施防止事故发生,并立即向公安、飞行管制等相关部门报告。有关部门接到报告后,应当依法处置,并立即通知其他相关管理部门。

无人驾驶航空器发生事故的,操控人员应当立即抢救受伤人员,采取措施防止损失扩大,并立即向公安机关报告。

第十六条　任何单位、个人有权举报违法使用无人驾驶航空器的行为。公安机关和其他有关部门接到举报的,应当及时处理,并对举报人的相关信息予以保密;对实名举报的,应当反馈处理结果等情况,查证属实的,对举报人给予奖励。

第十七条　违反本规定的行为,法律、行政法规已有法律责任规定的,从其规定。

第十八条　有下列行为之一的,由公安机关责令改正,对单位处二万元以上十万元以下罚款,对个人处一千元以上五千元以下罚款:

(一)违反本规定第九条第二款规定,改装无人驾驶航空器可能危及公共安全,或者擅自改变、破坏无人驾驶航空器电子围栏的;

(二)违反本规定第十二条第二款规定,在禁飞时间、禁飞区域内飞行的。

第十九条　三角翼、滑翔伞、动力伞、热气球、无人驾驶自由气球、没有自备飞行控制系统的航空模型等,应当遵守有关法律、法规和有关部门的规定,需要在本规定第十二条规定的禁飞时间和禁飞区域内飞行的,还应当事先报经公安机关同意;未经公安机关同意在禁飞时间和禁飞区域内飞行的,依照本规定第十八条相应规定予以处罚。

第二十条　本规定自 2019 年 5 月 1 日起施行。

附录十　厦门市关于进一步加强无人机等民用无人驾驶航空器安全管理的通告

为保障公共安全、维护厦门空域秩序,依据《厦门市民用无人驾驶航空器公共安全管理办法》相关规定,现将加强无人机等民用无人驾驶航空器安全管理的有关要求通告如下:

一、销购实名登记。无人机等民用无人驾驶航空器销售者应当建立销售台账,记录购买者的姓名(名称)、联系方式以及民用无人驾驶航空器产品的名称、型号、序号等相关信息,接受有关部门查验,并告知购买者相关使用规定及说明。民用无人驾驶航空器拥有者在取得民用无人驾驶航空器后,应当按照规定向中国民用航空局民用无人机实名登记信息系统(https://uas.caac.gov.cn)办理登记。

二、提前审批报备。无人机等民用无人驾驶航空器起飞应严格执行《中华人民共和国飞行基本规则》《通用航空飞行管制条例》的要求,提前向飞行管制部门申报飞行空域和计划,需要办理其他飞行手续的应当依法办理。审批同意后,在学校、幼儿园、医院、车站、客运码头、商场、体育场馆、展览馆、公园、电影院、剧院等公众聚集、人员密集场所及大型活动现场使用无人机等民用无人驾驶航空器的,还需在起飞 24 小时前通过"厦门百姓"APP 无人航空器模块报告起飞位置和飞行范围。

三、遵守飞行线路。严格按照申报线路和范围飞行,严禁在关系国计民生、国家安全和公共安全的重要单位、设施、场所的上空和《厦门市人民政府关于修订厦门高崎国际机场净空保护区域和电磁环境保护区域及其相关保护要求的通告》划定的禁飞区域飞行。

四、严肃法律责任。未经飞行管制部门审批擅自飞行的,由相关部门依法处理;起飞前 24 小时未报告起飞位置和飞行范围的,由公安机关依据《厦门市民用无人驾驶航空器公共安全管理办法》第十九条规定予以警告,情节严重的,对个人处以 1 000 元人民币罚款,对单位处以 5 000 元人民币罚款;违规飞行扰乱公共秩序、非法破解无人机安全控制信息系统等构成违反治安管理行为的,由公安机关依照《治安管理处罚法》的规定予以处罚;涉及犯罪的,依法追究刑事责任。

厦门市公安局
中国民用航空厦门安全监督管理局
厦门市气象局
2022 年 9 月 20 日

参 考 文 献

[1] 李春锦,文径.无人机系统的运行管理[M].北京:北京航空航天大学出版社,2010.

[2] 郑金华.无人机战术运用初探[M].北京:军事谊文出版社,2006.

[3] 陈贵春.军用无人机[M].北京:解放军出版社,2008.

[4] 魏瑞轩.无人机系统及作战使用[M].北京:国防工业出版社,2009.

[5] 高志宏.低空空域管理改革的法理研究[M].北京:法律出版社,2019.

[6] 朱永文,陈志杰,唐治理.空域管理概论[M].北京:科学出版社,2018.

[7] 冯登超.低空安全与无人机系统导论[M].天津:天津大学出版社,2019.

[8] 中航工业航空器适航性技术研究与管理中心.军用无人机适航性[C].北京:航空学会,2010.

[9] 文泾,于敬宇,李春锦,等.民用涵道风扇无人机系统的运行管理.2010年航空器适航与空中交通管理学术年会论文集[C].北京:航空学会,2010.

[10] 姚登凯,文泾,李春锦,等.特种国家航空器的航行管理.2010年航空器适航与空中交通管理学术年会论文集[C].北京:航空学会,2010.

[11] 陈金良.欧美国家无人机管理对我国的启示[J].2012年度国家空管专家研究成果汇编.北京:国家空管委办公室,2012.

[12] 陈金良,徐天舒.加强无人机飞行管理的几点思考[J].空军工程大学学报,2013年增刊:21-23.

[13] 梅权,陈金良.无人机飞行空管实践探索[J].空管科技动态,2012(15):12-13.

[14] 陈金良,姚登凯,高文明.国外无人机管理对我国的启示[J].中国空管,2013(6):8-9.

[15] XIANG T Z, XIA G S, ZHANG L P. Mini-unmanned aerial vehicle-based remote sensing: Techniques, applications, and prospects [J]. IEEE Geoscience and Remote Sensing Magazine,2019,7(3):29-63.

[16] 侯琛. 警用无人机发展现状及问题研究[J]. 数字通信世界,2022(2):104-106.

[17] 孙锦涛,姬艳涛. 警用无人机在治安防控中的应用研究[J]. 北京警察学院学报,2020 (2):45-50.

[18] 邵瑰玮,刘壮,付晶,等. 架空输电线路无人机巡检技术研究进展[J]. 高电压技术, 2020,46(1):14-22.

[19] 陈金良,李明,郑永航. 城市空中交通发展前景与运行构想[J]. 中国空管. 2022(3):18-24.